刻意改变

当一切改变时，改变一切

沉白 著

文汇出版社

图书在版编目（CIP）数据

刻意改变：当一切改变时，改变一切/沉白著.--上海：文汇出版社，2018.6
ISBN 978-7-5496-2584-0

Ⅰ.①刻… Ⅱ.①沉… Ⅲ.①人生哲学-通俗读物 Ⅳ.① B821-49

中国版本图书馆 CIP 数据核字（2018）第 109070 号

刻意改变：当一切改变时，改变一切

著　　者/沉　白
责任编辑/戴　铮
装帧设计/末末设计室

出版发行/文汇出版社
上海市威海路 755 号
（邮政编码：200041）

经　　销/全国新华书店
印　　制/北京市俊峰印刷厂
版　　次/2018 年 6 月第 1 版
印　　次/2018 年 6 月第 1 次印刷
开　　本/880×1230　1/32
字　　数/148 千字
印　　张/8

书　　号/ISBN 978-7-5496-2584-0
定　　价/36.00 元

前言

掉进水里你不会被淹死,待在水里你才会溺亡。当你落水后,你只有游,奋力地往岸边游……

世间事,有因必有果——每一个行为都会产生一种结果。命运,其实一直是我们自己在书写,日复一日地书写,是我们的所作所为一板一眼地决定了自己的命运。这是人生的最高逻辑和法则。

换言之,你现在活得不好,要怪就怪你自己做得糟糕,是过往发生在你身上的一切错误,造成今天的我们不快乐、不幸福。所以,当务之急是我们必须学着改变——当我们刻意去改变时,一切都会发生变化。

如果你不想改变,那么,这个世界也不会给你留任何情面。

一个人幸运的前提是,他有能力改变自己。因为你的不成功、不如意,与天时无关,与地利无关,与人和无关,只是你的心灵没有找到正确的方向。

改变自己,就是改正那些令我们身心困厄的过错;改变自己,就是修正我们心灵的朝向。改变，不是说要把原来的自己完全放弃，不是说要丢弃做人的原则，不辨利害地乱改一气，而是改掉那些不好的习惯，让自己变得更好。所以，你必须对这个世界有一个明白无误的分辨。只有知道了什么是不变的，才能找到自己需要改变的。

　　这本书专门写给那些在迷茫之中渴望活得明白的人。古往今来，任何时代都有迷茫的人，在人生路上产生这样或那样的困惑。笔者以自己多年沉淀的智慧，凭借独具一格的风格，透过深刻入骨的剖析，为当下的人们提供了一个独到的看问题的视角。只希望这本托心之作，能够在自我提升、幸福营造、为人处世等方面给予大家足够的启发。

　　愿每一个站在人生十字路口迷茫困惑的人，都能从这本书中得到慰藉和启示，在难熬的日子里及时调整自我，鲜衣白马闯荡世界，历经磨难，亦不忘初心。

目录

Chapter 1
改变，从心开始
——痛苦，不是拥有得太少，而是苛求得太多 / 001

你的平凡，未成定数 / 001

不要一再地败给自己 / 004

不完美，没关系 / 006

你不是不好，只是自卑 / 008

有遗憾，人生才有味 / 012

若是不能最好，优秀就好 / 015

将膨胀的欲望逐个淡化 / 018

人生要有加法，也要有减法 / 020

Chapter 2
与恐惧道声再见
——我们所有的惊恐,不过是在自己吓自己 / 023

让我们害怕的,是我们的内心 / 023

没人愿意接受你的脆弱 / 027

请告诉这个世界,我能行 / 030

给自己和生活足够的耐心 / 034

无论如何,别把激情丢了 / 037

只要你不绝望,就有希望 / 041

不惧失意,人生就有了底气 / 044

越害怕越要做,这就是突破 / 047

Chapter 3
从此,学会遗忘
——一个努力记住伤痕的人,只能生活在伤痕中 / 051

当你学会宽容,也就拥有了幸福 / 051

有一种高贵,叫不念旧恶 / 054

既然没有后悔药,何必还后悔 / 057

把包袱放下,为生命放松 / 060

别让自己的记性总是那么好 / 062

你心朝阳,自然自在安详 / 065

不过跌一跤,多大点事儿 / 067

Chapter 4

把"如果"埋在心底

——人生没有如果,当下才是幸福的开始 / 071

- 最美好的日子,就是现在 / 071

  今天的你没理由来承担明天的烦恼 / 073

  别再说如果,如果只是如果 / 077

  莫在羡慕别人中忘记自己的幸福 / 080

  不要辜负身边的每一份真情 / 082

  多留一些温暖给家人 / 085

  简简单单,何尝不是幸福的滋味 / 088

  过好当下,每一天都有乐趣 / 091

Chapter 5

转个身,就有快乐

——没有谁能剥夺你的快乐,除非你不愿快乐 / 096

- 你的快乐,不在别人手里 / 096

  在不变的环境里,努力改变自己 / 099

  逃避之后,往往后悔莫及 / 103

  有微笑,就足以把困苦埋葬 / 105

  对着生活唱首"欢乐颂" / 108

  治一治心里的雾霾 / 112

  心若无私,快乐当至 / 115

Chapter 6

别让每一分钟死有余辜

——一辈子不长，好好珍惜，切莫辜负 / 120

明天的样子，全在于今天的描画 / 120

你一拖延，幸福便会消散 / 124

时间不仅要省，更要会用 / 127

为了生存，请别放弃学习 / 130

选择一种快慢适当的人生 / 134

许多事不必等到条件都成熟 / 138

切莫辜负你的"黄金时间" / 142

hapter 7

既然工作，就要出色

——只有不再抱怨，工作才能遂心如愿 / 147

抱怨是在往自己的鞋子里倒水 / 147

不是"要你做"，而是"你要做" / 151

像对待情人那样对待你的工作 / 153

怀才不遇，只是你在给自己遮羞 / 156

你失败的原因只能在自己身上 / 160

每天多做一点，机会就会多一点 / 163

小事不放过，大事别错过 / 167

Chapter 8

与对手冰释前嫌
——对手，其实是成就你的另一只手 / 171

- 你与对手，不一定要势不两立 / 171
- 真心为对手的精彩大声喝彩 / 174
- 折磨你的人，或许才是你的贵人 / 178
- 对手，成就你的另一只手 / 180
- 最美好的竞争，应该是双赢 / 185
- 找个竞争对手，逼你越战越勇 / 188
- 对手越优秀，我们越强大 / 192

Chapter 9

对家人，足够宽容
——别再苛责，请像爱自己一样爱他们 / 196

- 没有欣赏，就没有地老天荒 / 196
- 像爱自己一样，爱你的爱人 / 200
- 挑剔是家庭生活的大忌 / 203
- 赏识是孩子最需要的精神粮食 / 207
- 把眼睛放在孩子的潜力和优势上 / 210
- 别让"比较"扎伤孩子的心 / 213
- 允许孩子有不足 / 216

Chapter 10

幸福，触手可及

——何必每日祈祷幸福，我们可以创造幸福 / 221

- 没有行动，幸福不为所动 / 221
  - 好运，总在一施一舍之间 / 225
  - 爱情，需要你主动一点点 / 228
  - 得到爱的前提，是付出爱 / 231
  - 如果你不愿付出，爱情死有余辜 / 235
  - 让你们的爱情时刻都很新鲜 / 239

Chapter 1
改变,从心开始
——痛苦,不是拥有得太少,而是苛求得太多

■ 你的平凡,未成定数

小说《简·爱》中,简对罗彻斯特说过这样一句话:"……我贫穷,低微,不美丽,但当我们的灵魂穿过坟墓,来到上帝面前,我们是平等的。"

简贫穷而弱小,罗彻斯特富有而强大,不管是社会地位还是外在条件,两个人都天差地别。但即便如此,在罗彻斯特面前,简依然能够挺起腰板,理直气壮地告诉他:"我们的灵魂是平等的。"正是这样的简,最终赢得了罗彻斯特的尊重和爱情。

在生活中,像简这样平凡的普通人比比皆是。他们如

同漫山遍野的野菊花一般，随处可见。而那些如罗彻斯特一般的成功人士，则像高洁的康乃馨、艳丽的玫瑰花，被摆在精致的橱窗后。虽然野菊花不如康乃馨、玫瑰花那般值钱，也不如它们那样引人注目，但同样有着属于自己的美丽，有着令人愉悦的独特香气。

所以，哪怕你只是平凡无奇的野菊花，也不应该因为自己的平凡而看不起自己——要相信自己终究会散发出迷人的香气。哪怕你贫穷、弱小、低微，也不要轻贱自己，要相信自己与那些富有、强大、成功的人没什么不同。

现在，你虽然是平凡的，但这一切并未成为定数，你的未来还有着有限的可能。这个世界上，每个人都是平等的，只要你愿意努力做出改变，即便你只是茫茫人海中平凡无奇的一滴"水"，也能折射出绚丽的彩虹。

野田圣子曾担任过日本邮政大臣一职，在很多人看来，她无疑是一位非常优秀的女性。但人们并不知道，在初入社会的时候，她得到的第一份工作是清洁厕所。

那时候，野田圣子还是一个正值青春妙龄的少女，和所有胸怀激情的年轻人一样，渴望找到一份体面并且薪酬高的工作。然而，现实是残酷的，她得到的第一份工作并不体面——清洁厕所。她曾想过放弃这个工作机会，但犹豫了许久之后，还是打消了这个念头，并暗暗告诉自己："哪怕一辈子都只能做清洁厕所的工作，我也要成为这一领域最出色的人！"

有了这个目标和信念之后，野田圣子给自己的工作制定了严格的要求：一定要让马桶光洁如新，让马桶里的水达到可以喝的程度。制定了这个标准之后，为了激励自己，并证实自己的工作成果，她多次试验过喝马桶里的水。

野田圣子曾经是最平凡的人，做着众人眼中"低贱"而又"肮脏"的工作，可她相信自己可以成为最出色的人，并努力做得比任何人都好，最终一步一步地登上了人生的巅峰，成为日本的邮政大臣。

这个世界上，并不是所有人都异常出彩，像玫瑰一样艳丽、像百合一样高雅——我们大多数人像野菊一样平凡。然而，我们并不能因此而失去自信、因为现在的平凡而否定美好的未来，否则，就很有可能沉沦在自我否定和自我摧毁中不可自拔。

就像野田圣子，虽然她只是做着一份清洁厕所的工作，而且这份工作不太符合她的期待，但她并未因此而放弃自己。她坦然地接受了这份工作，同时对未来充满憧憬和信心，在工作中不断鼓劲，努力做到最好。最后，她的生活和人生都发生了翻天覆地的变化。

所以，请记住：你的平凡，未成定数，不要用现在的处境来推断自己未来的生活。你需要做的就是，不放弃、不轻贱自己，努力改变自己，并为自己喝彩，终有一天你会迎来美好的未来。

■ 不要一再地败给自己

很多情况下，我们总是想方设法地打败那些与我们竞争的人，却忘记了很多时候自己是被自己打败的，因为你在内心深处从来没有相信过自己。

我们所有的行动，都是内心最真实的反映。你认为自己是怎样的人，就会采取怎样的行动。如果你坚信自己不会成功，那么你注定会是个失败者。不管你如何努力，即使遇到很多好的机会，最终也无法获得成功。

在日本，有一个学业成绩非常优秀的青年，他去应聘一家大公司，结果未能如愿。得到这个消息后，青年一下子接受不了，顿生轻生之念，幸亏抢救及时，自杀未遂。

不久，消息传来，他的面试结果名列前茅，是统计的时候出了差错。后来，他被公司录用了，但不久又被解雇了。理由很简单：连一个如此小的打击都接受不了，怎么能在今后的岗位上建功立业呢？

为什么这个青年在应聘中打败了大多数人，最终却没有被公司录取呢？是因为他的内心不够坚强，轻易地就被一个意外打倒了，是他自己打败了自己。

在追求成功的道路上，有些人失败了，而有些人成功了。最重要的原因，并不是对手太强大，而是他们自己的内心太脆弱。有的人是因为缺乏自信，总觉得这不行，那也不行，倘若事情不成功，就觉得自己笨，自我责备。还有的人严重缺乏安全感，疑心太重，总觉得别人都在跟他作对，对任何人都充满戒备……其实，真正的敌人不是别人，正是他们自己。如果他们没办法战胜自己，让自己的内心变得强大起来，那么就永远无法获得成功。

美国有一位叫作凯丝·戴莱的女士，她有一副好嗓子，梦想着当歌星。遗憾的是，她嘴巴太大，还有龅牙。初次上台演出的时候，她一直在努力用自己的上嘴唇掩盖龅牙，自以为那是很有魅力的表演，殊不知，这给别人留下滑稽可笑的感觉。

有一位男观众告诉她："如果你不敢尽情地张开嘴巴，让观众看到你最真实大方的表演，你就无法让观众喜欢上你。"凯丝·戴莱接受了这位观众的忠告，不再为自己的龅牙而烦恼。她大胆地张开嘴巴，尽情发挥自己的潜能、特长，终于成为美国娱乐界的大明星。

如果凯丝·戴莱没有强大的内心，坦然地接受观众的意见，那么她是不可能取得成功的。正是因为她战胜了自己，所以才把别人的话当成是激励，最终迎来了成功。

当然，想要不被自己打败，最需要做的就是主动地认识自己，寻找人生的最佳位置，从而更好地设计自己和塑造自己。这样一来，我们就会约束自己的行为，从内心中剔除恐惧、退缩、自卑的想法，变得更加坚强、自信。

我们最大的敌人是自己，能打倒我们的只有自己。克服了内心的胆怯，就有了面对挫折的勇气；克服了内心的卑怯，就有了成功的信心。因此，改变自己应该从内心开始，战胜自己，才能在成功的道路上不被自己打倒。

■ 不完美，没关系

正所谓："金无足赤，人无完人。"世界上没有一个人是完美的，每个人总会有这样那样的瑕疵。在我们刚出生的时候，上天就剥夺了我们完美的权利。我们应该坦然地接受现实，而不是费尽心机地去追求完美。

在非洲茫茫的大草原上，有一头名叫迪奥的狮子。它在很小的时候就立下雄心壮志，要成为最优秀、最完美的狮子。随着不断长大，迪奥在其他动物的眼里已经非常优秀了，还被认为是一个非常不错的丛林之王。

可迪奥仍不满足，因为狮子有一个明显的弱点，那就是耐力非常差。正因如此，在捕猎的过程中，迪奥有好几次败给了羚羊，让美味从嘴边溜走。

追求完美的迪奥，不能容忍自己有缺陷，就下决心去改正。于是，它想向羚羊"学习"长跑技能。通过一段时间的观察，它认为羚羊之所以有耐力，是因为长期吃草。

为了增强自己奔跑的耐力，迪奥开始学羚羊吃起草来。没多久，迪奥因吃草变得体力空虚，生命一时岌岌可危。

母亲知道了迪奥的做法，就对它说："狮子之所以成为草原之王，不是因为它完美，而是因为它有突出的观察力、优异的爆发力、锋利的牙齿和准确的扑咬动作等。在这个世界上，完美的东西是不存在的，我们应该做的是发挥自己的优势，而不是让自己变得完美，否则只能让自己更加痛苦。"

听了母亲的话，迪奥认识到了自己的错误，不再把心思放在如何使自己更完美上了，而是尽力去发挥自己的优点。三年后，迪奥成了那片草原中最优秀的狮子。

不完美，没关系。这个世界上，就没有所谓的完美。那些刻意追求完美的人，只不过是跟自己过不去而已。如果非要追求完美，到头来不但不能达到目的，反而会让自己更加痛苦，这不是得不偿失吗？迪奥一开始并不明白这一点，结果险些把自己的命搭了进去。

在生活中，我们又何尝不是如此呢？我们不能容忍一点瑕疵，总是期待自己能够完美无缺。要知道，我们之所以痛苦往往不是拥有的东西太少，而是苛求的东西太多——你苛求完美，不管做什么事都力求完美，不惜大费周章地弥补所有的缺陷，不惜花费大把时间雕琢所有的细节，到头来不仅无法让自己变得越来越好，反而什么事也做不好，还把自己搞得疲惫不堪。

我们确实需要尽量让自己变得更好，但这并不意味着追求完美——学着接受不完美的自己吧，用乐观和理性的眼光看待自己的缺陷和生活的不如意。我们不妨带着快乐的心情，好好地接受所有让自己不满意的地方，把不足当作上苍给自己的礼物。如此，你就会快乐，就会幸福，从而打造出一个辉煌的人生。

■ 你不是不好，只是自卑

很多人喜欢跟别人比较，用别人的标准来衡量自己。比如，看到优秀的人，他们就认为自己不可能像别人那样出色，不可能有那么大的作为；看到别人拥有幸福的生活，他们便对自己说，像自己这样平凡的人，不可能过那样的生活，或许只能这样平凡地过一辈子了……

其实，你并不比那些人差，你眼中那些成功、幸福的人，也没有你想象中的那么强大。你之所以认为自己处处不如人，就是因为内心自卑，太没有自信了。

爱丽丝觉得自己长得不漂亮，她很自卑，连走路时都低着头。

有一天，妈妈给爱丽丝买了一个黄色的蝴蝶结，并不断地说戴上这个蝴蝶结就会变得很漂亮。她不信，她认为那是妈妈安慰自己的话。不过，她还是让妈妈把蝴蝶结戴在了自己的头上。

爱丽丝走进教室的时候，碰上了她的老师，就抬起头向老师问好。

"爱丽丝，你抬起头来真美！"老师爱抚地拍拍她的肩说。

那一天，很多人赞美了爱丽丝，她非常开心。她想，这一定是蝴蝶结的功劳。可在镜前一照，头上根本就没有蝴蝶结，她想一定是在来的路上弄丢了。不过，她知道，以后她已经不需要蝴蝶结了。

这是一个真实的故事，这位叫爱丽丝的小女孩，如今已经是英国著名的主持人了。我们身边也有很多自卑的人，只是他们没有爱丽丝这么幸运，可能还在受着自卑的折磨。

一个人一旦自卑了，那么他的人生就注定与成功无缘。一个不相信自己的人，怎么能战胜困难，做出好的成绩呢？他们只会拿自己的短处跟别人的长处相比，觉得自己事事不如人，从而悲观、失望、不思进取，这样就会越来越自卑，越来越抬不起头来。

美国阿肯色州的学生丽莎，她是镇里唯一去哈佛大学读书的人，当地人都为她感到自豪，她自己也庆幸能有这样好的人生机遇。

但来到哈佛大学后，一切与她想象的并不一样。上课时她听不懂，自己说话又带土音。许多大家知道的事，她却一无所知，而许多自己知道的事，大家却又觉得好笑。因此，她在哈佛大学的日子过得很辛苦。她不明白自己为什么要到这儿来受这份羞辱，开始后悔来哈佛大学上学，同时更加怀念在家乡的日子了——在那里，没有人瞧不起她。

感到孤独无比的丽莎，觉得自己是全哈佛大学最自卑的人。无奈之下,她求助于心理医生。

心理医生开导她说:你已跨入了成长的"新世纪",可却对已经过去的"旧世纪"恋恋不舍。对于生活的种种挑战,你的想法不是想方设法地去学着适应,而是缩在一角惊恐地望着它们,哀叹自己的无能与不幸。你对于能来哈佛大学上学这一辉煌的成就已感到麻木不仁,你的眼睛只盯着当前的困难与挫折,没有信心再造就下一个人生的辉煌。你习惯了做羊群中的骆驼,不甘心做骆驼群中的小羊。同时,你以高中生的学习方法应付大学生的学习要求,自然是格格不入的。你因为自己来自小地方,说话土里土气,做事傻里傻气,就认定周围的人在鄙视你、嫌弃你。可你没有意识到,正是因为你的自卑,才使周围的人无法接近你、帮助你。

的确,丽莎生长在中南部地区,到东海岸的波士顿求学,面临的是一种乡镇文化与都市文化的冲突。她没有想到的是,对她来说哈佛大学不仅是知识探索的殿堂,也是文化融合的熔炉。

她身材瘦小,长相普通,多年来唯一的精神动力就是学习出色。可眼下,面临来自世界各地的高才生,她已无优势可言。这彻底打破了她多年来的心理平衡,让她陷入空前的困惑。她悲叹自己来哈佛大学是个错误,可她忘了,多年来,正是"哈佛梦"支撑着她走到了现在。她虽然战胜了许多竞争对手,进入哈佛大学求学,却在困难面前输给了妄自菲薄的自己。她怨的全是别人，叹的全是自己，难怪会在哈佛有自卑的感觉。

只有跳出往日光辉的"旧世纪"，全身心地投入"新世纪"，我们才能重新振作起来。总而言之，丽莎的核心问题就在于：她往日的心理平衡彻底被打破了，需要在哈佛大学建立新的心理平衡。

心理医生告诉她，对哈佛大学不适应，产生种种焦虑与自卑的反应，这在哈佛大学很普遍，并非只有她一个人有。这使丽莎产生了"原来很多人也和我一样啊"的感慨。于是，心理医生竭力让丽莎懂得，在新的环境里，要学会多与自己比，而不是与别人比。如果一定要与别人比的话，要看到别人不如自己的一面。厘清学习中的具体困难，并制订相应的学习计划，加以克服和改进。

同时，心理医生让丽莎参加了一个由哈佛大学本科生组成的学生电话热线，让她在帮助同学的同时也结交不少新朋友。更重要的是，丽莎在帮助他人的过程中，重新感到自信心在增长，感到哈佛大学需要她，她也不再认为自己是哈佛大学多余的人了。

很多时候，我们因为自己与别人的差距，而让自己活在了卑微中。自卑是人性中最大的弱点，一个人想要改变自己，获得成功和幸福的人生，必须让自卑从自己的内心中被清除。

其实，越是自卑的人就越想要改变自己，只不过他们因为内心缺乏安全感，而不知道如何做出改变罢了。可以说，他们是愿意自我审视的人，只不过他们看到的是自己的弱点和不足，并且是把它们放在放大镜下看。

因此，自卑的人不要一味地把焦点放在自己的缺点和短处上，而应多看看自己的优点和长处，即便是小小的优点，比如比别人长得高一些等。一旦你认识到了自己的优点，自信心就会一点点增加，自卑感就会一点点被剔除。当你习惯了看自己的优点，就会控制住自卑心理，对自己充满自信，并勇敢地展现自己。这样一来，你就会发现自己并不差，从而成就更好的自己。

■ 有遗憾，人生才有味

历经艰辛的唐僧师徒在取得真经归来的途中，毛手毛脚的猪八戒将一本经书的最后一页拉掉了一个长条，唐僧惋惜不已。此时，悟空说了这样一句话："师傅，凡事都不是完美的，有一点缺憾，也是一种美。"唐僧听完，顿时释怀。

由此可见，神仙也会有缺憾，何况凡俗的我们。人生在世，总会有大大小小的遗憾，可就是因为有了遗憾，人生才变得更有味，更值得回味。所以，学会坦然地面对遗憾吧！

或许有人会说，谁不愿意人生更加圆满，遗憾有什么值得回味的？其实，这种想法真的错了。事实上，遗憾是一种美，一种超越常态的美，它有震撼人心的力量，更有润泽万物的神奇。

鲜花不是因为芬芳而圆满，而是因为既有芬芳又会凋谢才圆满；彩虹不是因为绚丽而圆满，而是因为经历了风雨终现缤纷的色彩才圆满。遗憾也是人生的一部分，没有经历过遗憾的人生，是不完整的。

"人有悲欢离合，月有阴晴圆缺，此事古难全。"既然残缺在所难免，又何必为之伤怀呢？与其这样，不如静下心来好好地对待上天赋予我们的恩典，接受并善待它，这样，人生或许会更豁达、更快乐。

遗憾不是失意，它是另一个方向上的成就；遗憾不是无能，它是另一种意义上的收获；遗憾不是软弱，它是另一种形式上的伟大。

在全国女排联赛广东恒大和天津女排的决赛场上，女排老将冯坤所率领的恒大女排在 2∶0 领先的大好局势下，从第三局开始逐渐被天津队抑制，最终连输三局，以 2∶3 遗憾地与冠军失之交臂。

"打到最后一分，我觉得我们还是有赢的可能。"说这句话时，坚强的老队长有些哽咽。对于拿到过奥运会冠军、世界杯冠军的冯坤来说，最大的希望就是能够在中国最高水平的联赛中再拿一枚金牌，但这个梦想又要推迟了。

在随后的新闻发布会上，冯坤有些黯然："今天大家发挥得很好，也有机会赢，只是没拿下来，有点小小的遗憾。"不过，正是因为这个遗憾，刺激了冯坤在下一个赛季继续征战的愿望。"我刚才也说了，我原本打算退役的，但是，这个遗憾也许会成为我下一阶段努力的动力，有可能会继续打。"

紧接着，冯坤又说："整个队伍是向上进步的，这次比赛留下的遗憾，我相信回去之后我们会认真进行总结。应该说，这次女排联赛我们拼出了自己的水平和实力，锻炼了队伍，增长了经验，这个过程还是挺圆满的。"

没有获得全国女排联赛冠军，在老将冯坤的心里留下了遗憾，但正是因为这种遗憾，才激发出她继续奋斗的动力，锻炼出她坚忍的毅力。而这一切，必将给她带去人生的转机。

每个人一生中总会或多或少地留下一些遗憾。倘若一个人事事都要求完美，没有遗憾，从某种意义上来说，他也是极其可怜的，因为他再也无法体会有所追求、有所希望的幸福感受了。

我们没必要因为遗憾而扼腕叹息，也没必要因为不完美而抱怨。对于人们来说，有遗憾，才值得回味；有遗憾，才会更加珍惜之后的时光；有遗憾，才能变得更加成熟，更懂得人生的真谛。所以，不要苛求人生处处圆满，留一点遗憾，生活才别有滋味。

■ **若是不能最好，优秀就好**

第一，意味着鲜花和掌声，意味着荣誉和尊严。在生活中，不少人把第一当成最大的荣耀，不甘落后，不甘平庸，总是要求自己为第一而奋斗。为此，我们不断追赶，奋力奔跑，让自己一刻也无法放松。

但是，你知道吗？由于第一的诱惑总在眼前，而你就会去孜孜不倦地追赶，因此，身心皆被驱使，生命可能就会变成劳役，毫无幸福感而言。更何况，这个世界没有永远的第一，就算位居高处，也有屈于人下的一天。到时候，恐怕只能留下更多的遗憾。不要事事都争第一，尽自己最大的努力，做到优秀就好。

皮尔·卡丹就曾给年轻人这样的忠告：不要对自己不满意，更不要苛求自己，对自己要求太高。这种做法是非常不明智的，凡事都要求自己做到最好，反而可能害了自己。

我们知道，三国时期东吴的青年才俊周瑜，不但貌比潘安，而且文武双全，号称东吴的"白玉擎天柱，驾海紫金梁"。他位极人臣，官拜大都督，在东吴可谓是一人之下、万人之上。

周瑜如此优秀，深受东吴孙家赏识，并被委以重任。就在蜀汉和东吴结盟的时候，他认识了蜀汉的诸葛亮。他发现诸葛亮比自己更会深谋远虑，于是便提高对自己的要求，做什么事都向诸葛亮看齐，总是想找机会跟他一较高下。

可惜的是，在跟诸葛亮较量的过程中，他非但没能将诸葛亮打败，反而屡遭诸葛亮的戏弄。恼羞成怒的他就想除掉诸葛亮，甚至不惜破坏东吴和蜀汉的同盟。但在交手的过程中，周瑜屡战屡败。诸葛亮知道他心高气傲，便用计"三气周瑜"。

周瑜自知不如诸葛亮，但又不甘心就这么败给他，遂痛恨自己不如诸葛亮，怨恨老天为什么要生出一个比自己优秀的诸葛亮。结果他急火攻心，口吐鲜血，一病不起，最后郁郁而终。一代名将，就这样结束了短暂的一生。

正所谓："人外有人，天外有天，一山更比一山高。"我们何必凡事都要赢过别人，盲目地苛求自己做到最好呢？就如周瑜，他就是因为太过心高气傲，才导致郁郁而终，没能实现宏伟之志。

在生活中，我们理应努力让自己变得更优秀，但没必要非得成为最好的那个。很多时候，过于严格要求自己，就是跟自己过不去。为什么不懂得放过自己？当然，我们并不是要你放松对自己的要求，更不是让你放弃努力和得过且过。严格要求自己和放纵自己并不是一个概念。

放松一点吧，每个人都有属于自己的人生，我们都是和自己赛跑的人。人最大的敌人不是别人，而是自己。我们没必要和别人一比高下，需要做的只是要学会完善自己，战胜自己，超越自己，努力让自己变得更优秀。

白岩松从一名平面媒体记者转行做电视节目主持人已有十余年，也许他从没想到自己可以在这个领域达到如此的高度。他曾这样告诉自己："第一是不靠谱的，随时都会更迭。"

"当然，"白岩松补充道，"不争第一并不意味着不努力，只是不费尽心思去争第一！这就像长跑一样，跑到最后能取得很好成绩的人，不一定一开始就领跑，可是必须要让自己保持在这一方阵之中，比的是韧性和耐力。"

对一个资深电视节目主持人来说，最重要的是能够时刻保持继续向前走的动力和勇气。十几年来，白岩松一直以长跑选手来定位自己，不因一时的荣誉而忘乎所以，也不因一时的打击或挫折而如临深渊，只是扎实、时刻调整好自己的节奏，坚定地跑好每一步，这样，就能获得游刃有余的幸福人生。

没错，最好不苛求，尽量让自己变得优秀，超越自己，这才是一个人最明智的选择。把心态放松，不过分苛求自己，不去跟别人一比高下，怀着轻松的心态尽情地享受生活，这样的人生才是幸福的。

因此，你不妨经常回头看看以前的自己，你的成绩比以前进步了吗？你的工作比以前更称心吗？你的生活比以前更美好吗？你的身体比以前更健康吗？你的家庭关系比以前更和谐吗……

■ **将膨胀的欲望逐个淡化**

漫漫人生路，我们总是会面临无数的诱惑和选择。每个人都有欲望，都希望丰衣足食，能过上幸福美满的生活。欲望本身并非坏事，它可以激发我们不断向前，积极进取。但是，如果欲望太多，变成不合理的欲求、无止境的贪婪，那我们就会在无形中成为欲望的奴隶。

的确，在现实生活中，我们之所以感受不到幸福，并不是幸福与我们无缘，而是我们的欲望太大——总是希望得到越来越多的东西，不断地把自己的贪念无限放大，永远没有满足的一天，到最后反而失去了原本拥有的东西。就像《伊索寓言》里所说的一样："许多人为了拥有更多的东西，到最后却把现在拥有的也失去了。"

从前，有一对兄弟自幼父母双亡，二人相依为命地过着十分辛苦的生活。但是，他们从来没有抱怨过，每天起早贪黑忙得不亦乐乎——日子不但过得快乐、幸福，兄弟情谊也更加牢不可破。

佛祖知道了他们的情况，被这种互相扶持的兄弟情义感动，便决定帮他们一把，于是给兄弟俩托梦说："远方有一座太阳山，山上布满了金子，你们可以去拾取。得到那些金子后，你们这辈子就衣食无忧了。"

从睡梦中醒来，兄弟二人商量了一下，便决定去太阳山。一路上，他们不但遇到毒蛇猛兽、豺狼虎豹，天空中还狂风大作、电闪雷鸣。但面对这些艰难险阻，他们没有放弃，而是咬紧牙关，团结一致，最终到达了太阳山。

在这里，兄弟俩看到漫山遍野都是黄金，于是兴奋地立马捡了起来。哥哥比弟弟力气大，捡到的金子自然也就多。这时，已经被欲望蒙蔽心智的哥哥心想："这些金子如果全归我一个人所有，那么我就会成为富甲一方的富翁。这样一来，我可以买一个大宅院，再买几头牲口，还可以娶到漂亮的媳妇。若是分给弟弟一半，那就太不划算了！"

弟弟猜到了哥哥的意图，不过他也想将这些财富全部占为己有。兄弟俩都向这世上唯一的亲人不择手段地下毒手，最后弟弟被哥哥推下悬崖，而哥哥背着沉重的金子往回走时，势单力薄的他被老虎吃了。

人生最大的苦恼，并不是自己拥有的太少，而是欲望太大。故事里的兄弟俩，一开始日子过得非常清贫，欲望很少，也因此得到了弥足珍贵的兄弟情，最后日子过得幸福、快乐。但是，当他们得到金子后，一切就都变了——拥有了巨额财富，还想拥有更多，结果兄弟反目成仇，不再相依为命、互相扶持，导致最后都丧了命。

事实上，人们非常容易陷入欲望的沟壑，而无休无止的欲望则会让人变得越来越贪婪。于是，为了满足自身的贪欲，为了求得心理的平衡，人们就会不停地索取，不停地追逐。

所以，我们应该控制自己的欲望，淡化自己的欲望，如此才不会陷得越来越深，才不会让幸福的生活远去。

当我们以平常心来对待金钱、权力的时候，欲望就会变得越来越少，内心就会变得越来越平静，获得幸福的希望就会越来越大。正如托尔斯泰所说："欲望越少，人生就越幸福。相反，欲望越多，幸福就会越少。"

■ 人生要有加法，也要有减法

生活在这个繁杂的世界上，为了获得理想的事业和幸福的人生，每个人都在拼命地追赶，不断地给自己加码。没钱的想有钱，有了钱想要更多的钱；有工作的想升职加薪，升职加薪后又想自己当老板……

但是，一个人的精力毕竟有限，根本无法得到那么多想要的东西。更何况，不断地给自己加码，拥有的东西太多，我们身上的压力和责任相应地也就越重，就会使自己背负沉重的负担。这不仅会拖累我们前进的步伐，让之后的生活变得心有余而力不足，还会使我们越来越疲惫不堪。

有一个很形象的比喻：人的心就像一幢新房子，刚搬进去的时候，人们都想着要把所有的家具和装饰摆在里面，最后却发现这个家摆得像胡同一样，东西越来越多，自己反而没有了落脚的地方。

因此，人生不仅要有加法，更应该有减法。事实上，很多人只会做人生的加法，却不懂得如何做好人生的减法。

做好人生的减法，并不是要我们没有原则地一味放弃外在的物质，而是有选择、有目的地剔除一些繁冗的事务，让自己从杂乱无章的感觉中解脱出来，从而带着轻松的心情上路。

人生的减法其实很简单，就是要懂得舍弃，敢于放弃，勇于抛弃。舍弃那些可有可无的东西，舍弃那些不良的情绪和过多的欲望，放弃不必要的负担，抛弃生活中不能承受的东西。

做减法就像是给树剪枝一样，剪掉那些多余的枝条，人生才能快捷、轻松地到达彼岸。

作为一个作家、投资人和地产投资顾问，玛琳·拉里丝在这个领域努力奋斗了十几年，密密麻麻的日程安排塞满了她生活的每一分钟，令她的生活忙碌而紧张，整天情绪紧绷。一天，她做出一个决定：摒弃一些东西。

于是，玛琳·拉里丝开始着手列出一个清单，把需要从工作中删除的事排列出来，然后采取一系列的"大胆行动"：把堆积在桌子上所有没用的杂志和信件全部清除掉，取消一大部分不是必要的电话预约，接着打电话给一些朋友取消每周两次为了拓展人际关系的聚会。

通过这些有选择的减法，玛琳·拉里丝忽然感觉到自己不再那么忙碌了，有了更多的时间陪伴家人，也有了更多的时间进行思考。

由于睡眠时间充足,她的心态开始变得轻松,工作效率得到很大的提高,身体状况也变得好了很多。

玛琳·拉里丝感叹道:"从来没有像当今这个时代让人类拥有如此多的东西,这些年来我们也一直被诱导着,使得我们误认为自己需要拥有这一切东西,事实上,很多东西是生活的累赘。"

可见,一个人的精力有限,不断地给自己加码,外在拥有的东西太多,就会成为心灵的负担。

面对纷繁复杂的世界和物欲横流的时代,我们想要改变,但最重要的是从自己的内心开始。做好人生的减法,让自己的心灵变得更加平和一些,因为只有内心平和,每天才会有快乐和愉悦的心情,生活才会变得更加轻松,更加幸福。

古代养生讲究少思、少念、少欲、少事,其实,这与我们所说的人生减法有着异曲同工之处。不要再过分地追求什么,给自己增加不必要的负担,想办法让生活变得更加简约一些,如此才能让生活更加简单、轻松。

Chapter 2
与恐惧道声再见
——我们所有的惊恐，不过是在自己吓自己

■ 让我们害怕的，是我们的内心

在遇到困难的时候，很多人总喜欢夸大困难的程度，并且认为自己根本无法克服它。事实上，很多时候并不是困难有多大，而是我们的内心充满恐惧，不敢正视困难，总想着躲避它。

"困难如弹簧，你弱它便强。"困难并没有我们想象的那样可怕，其实，那些令我们恐惧不已的困难，只不过是"纸老虎"罢了。我们所畏惧的东西，是我们内心无法面对的东西，就好像我们害怕失败，不敢面对失败，所以通常就无法取得成功；我们畏惧自己的缺陷和不足，所以时常对自己缺乏信心；我们无法战胜自己的懦弱，所以遇到危险的时候就会选择逃避……

生活中，我们所有的恐惧都不过是无法战胜自己的内心，是自己吓自己而已。

著名作家萧伯纳年轻的时候，是一个很怯懦的人。一次，他有一件很重要的事需要跟校长商量。他在家里反复练习了多次，最后鼓足勇气来到校长办公室门前。他很想敲门进去，可手刚刚举起又放了下来：他怕校长现在正忙，怕打扰校长的工作，怕还没开口就被校长骂出来……

心中所想让他不断往后退，他想着放弃算了，可又觉得不甘心，犹豫了很长时间，还是决定要见校长。可没往前走几步，他又折了回来。就这样，他在校长办公室门前徘徊了半个多小时，最后才鼓足勇气敲开了门。事实证明，他所有的担心都是多余的，校长并没有想象的那么可怕。

从那以后，萧伯纳发现自己有一个很大的缺点，那就是常常会有这样的担心："我说这话，人家会笑话我吧？""这样做，会不会让人觉得我在出风头？"他知道这是一种怯懦的表现，而这种怯懦也扼杀了他无数的构想。因此，他下决心要改掉这个缺点，使自己彻底从怯懦中走出来。

萧伯纳很"怕"，怕被骂，怕被否定，怕被嘲笑……"怕"便不敢前进，"怕"便放弃正面解决问题，这种"怕"成为他梦想的杀手。每个人的心中多多少少会有一些怯懦感，如果不能及时克服，它就会像影子一样处处跟随你，那便是你成功的阻碍。怯懦、逃避像心灵的"安慰剂",而正是这安慰剂蚕食了你面对未知的勇气,直到决定放弃。

克服怯懦,这是每个追求成功和幸福的人必须要做到的事。想要克服它,就要调整好自己的心态,不断地向自己发起挑战,变后退为前进,变仰视为俯视。

球王贝利的球技一直被世界球迷所称道,但很少有人知道这位大名鼎鼎的超级球星曾是一个怯懦的胆小鬼。

当年轻的贝利得知自己入选巴西最有名气的桑托斯足球队时,他竟然紧张得一夜未眠。他翻来覆去地想:"我要怎么跟那些著名球星相处呢?他们是那样高高在上,如果笑话我,我该怎么办?"他甚至猜测,那些大球星很可能会用他们绝妙的球技来反衬他的笨拙和愚昧。如果在球场上,他们把他当成小丑一样,再把他当成白痴一样打发回家,那该怎么办?

一种前所未有的怀疑和恐惧,使贝利寝食难安,因为他根本就缺乏自信。分明是同龄人中的佼佼者,但忧虑和怯懦使他不敢真正面对渴求已久的现实。

后来,贝利忐忑不安地来到桑托斯足球队。那种紧张和恐惧的心情,简直没法用语言形容。

"正式练球开始了,我已吓得几乎瘫痪。"他是这样走进一支著名球队的。原以为刚进球队只不过是练练盘球、传传球,肯定会当板凳队员——哪知第一次教练就让他上场,还让他踢主力中锋。

紧张的贝利半天没回过神来，每次球滚到他的身边，他都好像看成别人的拳头向他击来。不过，当他迈开双腿不顾一切地在场上奔跑起来时，便渐渐地忘了自己是在跟谁踢球，甚至也忘了自己的存在，只是习惯性地接球、盘球和传球。在训练快要结束时，他已经忘了桑托斯球队，还以为是在故乡的球场上练球呢。

真是不可思议。后来在世界足坛上称雄数年，以锐不可当的气势踢进一千多个球的一代球王贝利，当初竟是一个如此优柔寡断、心理素质差的怯懦者。我们能从旁观者的角度看明白，那些使贝利深感畏惧的足球明星其实并没有轻视他，反而对他相当友善。可是，贝利却毫无自信，以至于忍受了那么长时间的精神煎熬。

"不敢直面恐惧，就得一生一世躲着它。"这是北美印第安人喜欢说的一句话。我们想要获得幸福，就必须战胜自己的内心，及时驱除心中的怯懦。无论外界发生怎样的变化，我们都要直视，不断地挑战自己。

一个人若被怯懦感所控制，其精神生活将会受到严重的束缚，自己的才能也就无法正常发挥出来。人生就像一场马拉松比赛，不向前奔跑，永远无法到达终点。

路线在变，风景在变，不要把它们的改变当成负担，如果以此作为美景，我们便成了景中之人，何尝不是一种享受？朋友，人生并不是直行线，正视眼前弯弯曲曲的路，不要犹豫，大步向前而行。

■ 没人愿意接受你的脆弱

　　看到外面的一切都在改变，有些人怕了，有些人躲起来了，以为像鸵鸟一样将头缩起来就会万事大吉。外界的压力再大，他们不争不斗，安享"太平"。这种脆弱成了不思进取的理由，鲁迅先生笔下这样的人有很多，还记得那个絮絮叨叨的"祥林嫂"吗？

　　祥林嫂是个苦命人，丈夫去世后，她在鲁镇当女工，后来被婆婆卖进山里，开始了她的第二次婚姻。没多久，第二任丈夫也死了，孩子又被狼叼走，她失魂落魄地回到鲁镇。

　　生活的不幸压垮了祥林嫂，她逢人便诉说自己的不幸，把儿子被狼叼走的过程一次次地说给镇上的每一个人听。一开始，大家都同情她，为她的遭遇流泪。可日子久了，人们都像躲瘟神一样躲着她，完全不想再听她说话。她的不幸遭遇成了别人口中的笑话。

　　在人们的冷漠中，祥林嫂渐渐沦为乞丐，在一年的除夕夜悲惨地走完了自己的一生。

　　读过祥林嫂故事的人，都不会忘记她那句话："我真傻，真的。"人们同情她的境遇，可每个人又对她避之不及。当你读故事感觉到当时社会太冷漠时，有没有想过这是她不肯改变自己，总是以"脆弱"来装扮自己的原因呢？

　　脆弱的人往往并非一开始就是脆弱的，他们或许也曾有所追求，却在追求的道路上遇到挫折，受到打击，甚至招来别人的嫉妒与恶意的阻挠。在这样的境遇下，有的人开始自怜，展现出自己的脆弱和可悲，甚至向别人示弱，希望获得别人的同情与帮助，好让自己走出人生的困局。

人生的不如意，十有八九。谁都有被生活压垮的时候，谁都有需要被人安慰的脆弱。一时的脆弱或许能让你得到他人的同情和援助，但如果把脆弱当成一种特权，一而再再而三地烦扰别人，向别人索取同情与帮助，那就不免会被人厌弃了。

今天，你的脆弱得到别人的安慰，明天你不改变自己，依旧脆弱，别人便会漠视，后天呢？更何况，没有人愿意接受你的脆弱，更没有人愿意听你不停地唠叨和埋怨。如果你不去做出改变，让自己变得更加坚强和独立，勇敢地面对生活，仍然脆弱的你得到的不是同情，不是叹息，而是白眼，你也就成为那个人人厌弃的"祥林嫂"了。

英雄的悲剧之所以令人扼腕叹息，是因为他们在失败之前进行了最大的拼搏与抗争。而那些懦弱的人即便生活得再悲惨，也不会得到任何人的同情。因此，与其向所有人展示你的不幸，倒不如改变自己，坚强一点，让所有人看到你的成功，为你的坚强与勇敢点赞。

莎士比亚说："脆弱啊，你的名字是女人。"秦太太不知不觉中似乎印证了这一点。

秦太太曾经是学校里数一数二的美女，她那知性的气质、乖巧的性格让男生心动不已。毕业后，她嫁给了大学时交往的男朋友，在家做起了全职太太。她以为，生活会像童话里说的那样："王子和公主从此过上了幸福的生活。"

可婚后两年，秦太太发现自己已经沦落为黄脸婆，每天的工作就是打扫房间和煮饭，总有忙不完的家务。

老公不愿意自己的太太抛头露面，但自己又有很多朋友要交际。秦太太甚至耳闻老公与公司的秘书过从甚密，她询问丈夫，得到的却是丈夫粗暴的回答："别人说什么，你就信什么？耳根子怎么这么软？"但是，在丈夫的态度中，她已经看到了答案。

有一天晚上，丈夫去"出差"，秦太太一个人坐在沙发上，一夜没合眼。她不明白丈夫为什么会这样对她，生活给了她这么多的考验，她不知道自己还能忍受多久，又该忍耐多久。无助的她给大学时代的好朋友打电话，大家一致告诉她："赶快出去工作！"

秦太太是个没主意的人，但她听人劝。她觉得大家说得没错，只要有一份好工作，即使离婚也不用担心——自己有收入，就不必再做一个家庭的从属。秦太太很快就找到了一份工作，为此丈夫还和她大吵一架，闹到最后，两个人以离婚收场。

此后，她专注于事业，很快就发挥出了自己的才能。几年后，她已经有了自己的公司，有时候出入商务酒会，还能看到自己的前夫——他现在已经再婚，老婆就是他当年的秘书。每当前夫看到优雅美丽的她，眼中都会闪过黯然的神情。而她，镇定自若地跟他打着招呼，身后跟随着无数人爱慕和赞赏的目光……

在这个时代，脆弱已经不是值得同情的事，而那些乞求怜悯的人，永远也走不出人生的悲剧。要知道，脆弱是留给自己去治愈的，而不是展现给别人看的。面对苦难，不要听天由命，自暴自弃，更不要奢望别人来拯救你脱离苦海。人只有保持豁达的心境，努力与命运和苦难做斗争，才能赢得美好的生活和别人的尊重。

请记住，在这个世界上，只有强者才能让人欣赏。即便被生活压垮了，也不要把脆弱展现在别人面前，更不要祈求别人的怜悯。脆弱或许能让你得到别人一时的怜悯与帮助，但一味地脆弱下去，最终只会让你被命运所厌弃。当生活压力让你措手不及时，最好的办法就是改变自己，去适应，去面对，以坚强的内心面对生活中的一切苦难。唯有敢于向生活叫板的人，才能拥有最后的鲜花和掌声。

■ 请告诉这个世界，我能行

当有人问："你可以吗？"你会怎样回答呢？你一定会想：能不能做呢？会不会做呢？要不要做呢……当一堆问题在你的头脑中打转，你肯定会犹豫不决，也许就是这些问题，让你停止不前了。

其实，人生本就是一个不断发现问题、解决问题的过程。当我们面对困难的时候，要果断地改变自己，不要一味地犹豫，也不要沮丧和绝望，更不能祈求在自己成功或辉煌之后就永远没有问题了，而要在面对困难的时候告诉自己："我能行。"

对困难说"我能行"是自信的表现。很多时候，我们只有相信自己，才能克服内心的恐惧，才能激发出我们内在的勇气和信心，最终找到克服困难的办法。

两只青蛙同时掉进路边的一只牛奶罐里，牛奶罐里还有为数不多的牛奶，这对青蛙来说，简直就是灭顶之灾。

"完了，全完了，这么高的一只牛奶罐，我是永远也出不去了。"一只青蛙这么想，于是，它完全没有挣扎，很快就沉了下去。

另一只青蛙，看到同伴沉没后，并没有畏惧，而是不断地给自己打气。它坚信依靠自己发达的肌肉和坚强的意志，一定能够跳出去。它鼓起勇气，用尽全力，一次又一次地奋起跳跃。不知过了多久，它突然发现脚下黏稠的牛奶变得坚实起来。

原来，由于它的反复践踏和跳动，已经把液态的牛奶变成了一块"奶酪"。经过不懈的奋斗和挣扎，它终于赢来了自由。它从牛奶罐里轻盈地跳了出来，重新回到绿色的池塘里。而那只沉没的青蛙就留在了那个牛奶罐里，它做梦都没有想到自己的同伴能逃出去。

人生路上，困难就像一座山挡在前面，阻挡我们的脚步。不同的人有不同的选择：知难而退的人，看了调头就跑；半途而废的人，爬山爬到一半就不爬了。面对挫折依然保持自信、永不退缩的人，才能像故事中的那只青蛙一样重新回到"绿色的池塘"，过上幸福的生活。

一个人只有拥有自信，懂得改变自己，才能战胜困难，获得幸福。而在这个过程中所积累的经验和确定的信念，将是你一生中最宝贵的财产。

如果你总觉得自己是平庸之辈，遇到困难的事，即使并不太难，也总是会不假思索地说"这事根本行不通"诸如此类的话。正是这些消极的想法，限制了你的潜能的发挥。困难在前，自己去改变，那你与成功或者幸福无缘也就不意外了。

由于《非诚勿扰》的热播，孟非一跃成为全国备受瞩目的知名主持人，甚至很多其他国家的观众也向其投去关注的目光。但是，很少有人知道在未成名之前，他做过印刷工人、保安、送水工等多种工作，虽然长时间生活在社会最底层，但他从来没有失去过自信。

当年，一次偶然的机会，孟非来到江苏电视台文艺部体育组做接待员。一年后，他拿到了南京大学的专科函授文凭，努力让自己做成了记者。后来《南京零距离》这个直播节目被搬上江苏电视台，时间为一个小时，宗旨是"为平民百姓服务"。最后，台里的领导决定打破资历、学历的限制，在全社会公开竞选节目主持人。

听到这个消息，孟非知道这将是他从幕后转向台前的一个机会。他觉得，平民节目当然要求主持人有平民特色，不一定要长得帅，关键要有底层生活的阅历，说百姓关心的话题……就这个方面来说，放眼全台，有谁比自己更有资格？

经过一番深入的思考，孟非决定抓住这个机会。虽然他有点担心自己的普通话可能不过关，但自信的他只犹豫了一分钟就做出了决定：普通话可以学习，那些苦难的经历却是自己难得的宝贵财富，是别人没有的。人生能有几回搏，此时不搏何时搏？

面试那天，孟非自信地走到面试官的面前，用诙谐的语调平静地讲述了自己多次打工的艰难经历。他准确地抓住了节目的定位，并且胸有成竹地提出了自己做"平民化主持人"的崭新设想，这让台里的领导觉得他很有潜力。

后来，孟非果然被顺利地录用了，并且在《南京零距离》的第一期中就做出了较好的表现。

孟非之所以能一步步地走向成功，是因为他肯改变自己，"普通话不好，没关系，可以学"。这种随时改变自己的心，让他拥有了更大的自信。倘若他不想改变，因为普通话不好而放弃面试，或者在面试时紧张结巴，无法自然地表述自己的创意和见解，这个职位将与他失之交臂。

很多时候，我们失败是因为不肯改变自己，总是觉得这样不行,那样也不行,消磨得自己连一点自信心都没有了。这样消极的思想,成为前进路上的绊脚石,使我们停步不前。

如果你感觉自己非常平庸,那就想办法去学习,让自己变得不再平庸;如果你渴望成功,那就想办法去追求,对自己说:"我能行!"自信便会在你脸上洋溢,在你心中膨胀,你便会强大起来。敢说"我能行"的人,是因为有了改变的决心,自然也就能行了!

■ 给自己和生活足够的耐心

现在,很多人动不动抱怨生活不如意。他们埋怨上天,埋怨上帝:"凭什么别人能过上幸福的生活,而自己不管付出多少,幸福却还是遥遥不及。"

成功之路很长,不是你今天改变了自己,努力了,就立刻能收获成功。"路漫漫其修远兮,吾将上下而求索。"屈夫子都有这样不断改变自己的心,我们不是圣人,更要耐得住寂寞,不停地修正自己。

想要将石头刻成艺术品,就要不断地下刀去雕琢。我们生来就是一块顽石,想要成为艺术品,怎能不对自己"下刀"呢?而这需要一刀刀地修改,慢慢打磨,如果因为心急而大幅度挥刀,或者半途而废,怎会做出一件惊世的作品呢?

想要幸福，就必须有耐心，不能怨天尤人，不能急功近利。很多人做事急躁、冲动，不懂得改变自己，没有坚持到底的信念。这样的人，怎么能与成功握手呢？

在英国，有一位叫罗宾逊的推销大师，他在即将告别推销生涯时，应邀来到伦敦最大的体育馆做告别职业生涯的演说。

演讲那天，会场座无虚席，参会的人士一个个伸长脖子热切而焦急地等待着大师到场。这些人都很想知道，这位伟大的推销员的成功秘密到底是什么？当大幕徐徐拉开时，只见舞台正中央架着一个高高的梯架，架子上吊着一个巨大的铁球。

罗宾逊在人们热烈的掌声中走了出来，他站在铁架的一边。人们望着他，不知道他要做出什么举动。这时，两位工作人员抬着一个大铁锤，放在罗宾逊的面前。主持人对观众讲道："请两位身体强壮的人到台上来配合一下。"

转眼间，已有两名动作快的壮汉跑到台上，罗宾逊对他们说："请用这个大铁锤，去敲打那个吊着的铁球，直到把它荡起来。"

一个年轻人抢着拿起铁锤，全力向那铁球砸去，顿时传来震耳欲聋的响声，可那铁球仍一动不动。于是，他再次举起铁锤砸向铁球，可这依然没用，试了几次后他就气喘吁吁地放弃了。另一个人不甘示弱，接过大铁锤把铁球打得叮当响，可铁球仍旧纹丝不动。台下逐渐没了呐喊声，观众等着罗宾逊做出解释。

罗宾逊笑了笑,从上衣口袋里掏出一个小锤子,然后认真地面对那个巨大的铁球"咚"地敲了一下,然后停顿一下,再次用小锤"咚"地敲了一下。观众都奇怪地看着罗宾逊就那样敲一下,然后停顿一下。

10分钟过去了,20分钟过去了,会场开始骚动起来。有的人干脆叫骂起来,用各种声音和动作发泄着他们的不满。罗宾逊仍然敲一下小锤然后停一下地工作着,根本不在意观众的反应。观众开始愤然离去,会场上出现大块的空位。留下来的观众好像也喊累了,会场渐渐地安静了下来。

大概在罗宾逊进行到40分钟的时候,坐在前面的一个女孩突然尖叫了一声:"球动了!"霎时间,会场变得鸦雀无声,人们聚精会神地盯着那个铁球。

那个铁球以很小的幅度摆动了起来,不仔细看很难察觉。可罗宾逊仍旧一小锤一小锤地敲着,观众好像听到了那小锤敲打铁球的声响。铁球在罗宾逊一锤一锤的敲打中越荡越高,它拉动着铁架子"哐、哐"作响,它的巨大威力强烈地震撼着在场的每一个人。

终于,场上爆发出一阵热烈的掌声。在掌声中,罗宾逊转过身来,慢慢地把那把小锤揣进兜里,然后他说了一句话:"在成功的道路上,你没有耐心去等待成功的到来,那么,你只好用一生的耐心去面对失败!"

老子在《道德经》里说:"企者不立,跨者不行。"意思是，踮着脚尖无法长久站立，迈着大步无法长远行走。言外之意就是，做事要脚踏实地，要有长久的耐心。所有的事情都不是一蹴而就的，我们不应该急躁、冲动，或是感情用事。成功不仅需要才华，更需要耐心和毅力。

现在的很多年轻人，并不缺乏远大的抱负，而是缺乏耐心，总是急于求成。他们期待早早地得到提拔，早早地涨工资，早早地成名成家，甚至早早地进入福布斯排行榜。但他们恰恰忘记了，没有耐心是无法获得成功的，也无法获得幸福的生活。

耐心是人类最宝贵的财富，拥有它，你就拥有了别人无法拥有的一切。改变重要，坚持更重要，成功是一个循序渐进的过程。在人生路上，你要告诉自己，不要太着急，给自己和生活以足够的耐心。既然能够迈出改变的第一步，那就要一步一步地走下去，相信这耐心必将为你搭起通向成功的桥。

■ 无论如何，别把激情丢了

世上有很多人，他们总是在埋怨自己时运不济，或者将失败的原因归咎于没有贵人相助、资金准备不足。尤其是刚走出校园的年轻人，更容易陷入这种情绪中。其实，他们失败的原因并不是所谓的时运和人脉，而是内心充满了消极情绪。这些消极情绪让他们失去了努力的激情，对生活从此敷衍了事。

激情是我们人生不断进取的动力，失去了它，我们就会陷入极度空虚、懈怠的消极状态中。生活中，很多人在年轻或是刚参加工作的时候，是满怀激情、干劲十足的。可时间长了，他们就开始懈怠起来，从此漫不经心地对待工作，无精打采地对待生活，整天都是半睡半醒、毫无生气的状态，做什么事都无精打采、拖泥带水——与其说他们厌倦了生活和工作，还不如说他们在日复一日中把激情给弄丢了，只是糊糊涂涂地混日子。

试想，这样的人怎么能获得成功呢？

杰克是一名职业足球运动员，因为遭受过一次沉重的打击，他在踢球上越来越心不在焉，最终被球队开除了。球队经理对他说："你对你的职业根本没有激情，不配做一名职业足球运动员。同样，无论你到哪里、做任何事，若不能拿出你的激情来，你将永远不可能有出路。"

杰克对经理的这句话刻骨铭心。后来，通过朋友的介绍，他进入了一个新球队。

在到达新球队的第一天，杰克就做了一个重大的决定，要做美国最有激情的职业足球运动员。结果证明，他做到了。在球场上，杰克就像装了马达一样，强力又准确地射门，每次都跟队员配合得天衣无缝。

激情给杰克带来了意想不到的结果，他的球技好得出乎所有人的想象。更重要的是，他的激情感染了其他队员，大家也变得激情四溢。最终，他们在比赛上取得了一次又一次的胜利。

当地的报纸对杰克大加赞扬："那位刚加入的球员虽然是一名新手，但全队在他的影响下充满了活力。他们不但赢得了多场比赛，而且成了本季度球赛中的最大赢家。"

杰克因为对工作的激情，薪水由 3000 美元提高到了 30000 美元，是原来的 10 倍。在以后的几年里，他依然对工作保持着激情。当然，他的薪水又增加了约 50 倍。

后来，杰克由于腿受伤离开足球队，来到一家保险公司当保险助理。可一年下来，他的业绩少得可怜。

杰克没有放弃，再次迸发出对工作的激情，很快成了保险界的销售至尊。他深有感触地说："我从事推销工作 20 多年了，永远只相信一个道理，那就是如果你对工作充满激情，你的收获就会成倍地增加。"

没错，无论你到哪里、做什么事，若不能拿出自己的激情，就将永远不可能有出路。虽然生活的压力很大，工作的负担很重，但正因如此，我们才必须带着激情上路，让自己充满干劲。否则，我们将如何面对生活中的繁杂琐事、工作中的难题呢？

世界首富比尔·盖茨有句名言："每天早晨醒来，一想到所从事的工作和所开发的技术，将会给人类生活带来的巨大影响和变化，我就会无比兴奋和激动。"在他看来，一个事业成功的人，最重要的素质就是将激情带到工作中去，而不是能力、责任及其他,虽然这些在工作中也是不可缺少的。所以,要想获得成功,我们必须把自己的激情找回来,主动带到生活与工作中去。

让我们再来看看美国教育部前部长、著名教育家威廉·贝内特讲的一个故事:

在一天下班的路上,我忽然想要买件衬衣,于是便走进了一家服装店。一个年纪不到20岁的女店员,微笑着向我走来。

"先生,您要什么?"

"我想买件衬衣。"

"我们这里是全市最好的服装店,拥有世界上质量最好的衬衣!"她的眼睛闪着光芒,话语里含着激情,并从货架上取出一件件衬衣,逐一展现在我的面前,让我挑选。

"等等,我只买一件!"

"我知道。不过,我想让您看看这些衬衣,它们不仅质量好,还有不少款式,总有一款适合你。"她的脸上挤出一个美丽的微笑。

我对她的兴趣远远超过对衬衣的兴趣,我诧异地望着她,说道:"我的朋友,如果你能一直保持这种激情,并把这种激情保持下去,我敢保证:不到10年,你将会成为全美国的服装大王。"

一个将激情带到行动中的人,不论遇到多少困难,或需要多长时间来完成目标,始终都能做到淡定,以不急不躁的态度去认真完成。如果你期望自己的人生出现奇迹，那么就对生活和工作保持饱满的激情，而不是在混日子的过程中丢掉自己对生活和工作的激情。

对我们来说，没有激情，一切都是奢望。所以，无论如何，别把自己的激情给弄丢了！

■ **只要你不绝望，就有希望**

一位哲学家说过："在人生绝望的那一刻，往往是新的希望的开始。一切危机的尽头往往是有转机的，山穷水尽的地方往往会柳暗花明。"

简单来说，这个世界上从来没有真正的绝境，也没有真正的痛苦，真正的绝境和痛苦只存在于你的内心。你的内心陷入绝望，生活也就会陷入绝境。可一旦你对自己和未来还有一丝希望，那么就有走出绝境的可能。

因此，当我们面对那些所谓绝境的时候，切勿放弃最后的希望——保留心灵中的最后一点阳光，这样就能摆脱迷惘，重新迎来光明和幸福。

智利北部有一个叫邱恩贡果的小村子，西临太平洋，北靠塔卡拉玛干沙漠。由于本地特殊的地理环境，太平洋冷湿气流与沙漠上的高温气流终年交融，形成多雾的气候。但是，浓雾丝毫滋润不了这片干涸的土地，因为白天极为强烈的日光能将浓雾蒸发。

一直以来，这片长久被干旱困扰的土地上看不到一丝绿色，人们几乎也看不到一丝生机。几年后，加拿大一位名叫罗伯特的生物学家在进行环球考察的过程中，意外地发现了这片荒凉的土地。看到如此干涸的土地，他很好奇，就在当地住了下来。不久，他就发现了一种十分奇异的现象：这里除了蜘蛛几乎看不到其他生物，并且处处蛛网密布，蜘蛛四处繁衍，生活得极好。

罗伯特对这里的蜘蛛产生了好奇，为什么只有蜘蛛才能在如此干旱的环境中生存下来呢？后来，他借助电子显微镜发现，这里的蜘蛛具有很强的亲水性，很容易吸收雾气中的水分，而雾水就是蜘蛛生生不息的源泉。

后来，在智利政府的支持下，罗伯特根据蜘蛛的吸水性原理，研制出了一种人造纤维网，选择当地雾气最为浓厚的地段排成网阵。就这样，穿行其间的雾气被反复拦截，最终形成大量的水滴。这些水滴滴到网下的流槽，经过过滤、净化，形成可供生物成活的水源。

如今，罗伯特的人造蜘蛛网平均每天可截水达一万多升，如果是在浓雾天气，每天可以截水十多万升。这不仅满足了当地居民的用水需求，而且可以灌溉土地，让这片昔日满目荒凉、尘土飞扬的荒漠长出鲜花与青绿的蔬菜。

再荒凉的土地，也可以找到一小片绿洲。一个人不管到什么时候，都不要让自己的内心干涸，将心中的希望熄灭。只要你内心保留那一片绿洲，就不会让自己的人生陷入彻底的绝境。

所以，我们在遇到困境时不妨换个心态来看待，将眼前的危机看成是下一次希望的开始，那样你心中的痛苦就会减少许多。也许，你就能发现机会就在你失意的拐角处等着你。

罗威原本是个极为优秀的播音员，有一天因为与老板发生口角，他被老板一气之下解雇了。当时，他的心情相当沮丧，回到家中一言不发，将自己关在房里。

一个小时过去了，他满脸笑容地走了出来，十分开心地对老婆说："亲爱的，我终于有了一个自立门户的机会！"第二天，罗威自信地走出家门，并迅速地成立了一家属于自己的传播公司。

不久后，罗威凭借幽默的主持风格，制作了一个"风趣人物"的节目。从那时开始，他就成为美国电视荧屏上的风云人物，取得了辉煌的成绩。

后来，罗威将自己的这段奋斗过程撰写成一本激励人心的书——《是的，你能》。在书中，他这样写道："每一次的挫折后面都隐藏着无限的机会，只要你能积极地站起来，就能够看到前面希望的曙光。"

罗威在失意后及时清除了内心消极的情绪，看到了困境背后所隐藏着的曙光，让自己迅速地走出迷惘，摆脱了困境。其实，让我们陷入绝境的并不是生活，而是我们的内心已经失去走出困境的希望，不愿意尽全力战胜困难。

所以，当我们身处绝境的时候，最先应该改变的就是我们的心态——不放弃最后一丝希望，并努力找到危机后所隐藏着的时机。相信，只要你不绝望，就有希望迎来新的转机。

■ 不惧失意，人生就有了底气

在整个人生中，成功与失败都是平常事，得意与失意也不过是家常便饭。内心强大的人，不会因此感到万般痛苦、无所适从。而内心脆弱的人，但凡稍微遭遇点打击，就会因为无法承受而苦不堪言。因为，在他们眼中，只有成功才是强大的表现。

诚然，绝大多数的失意是突如其来的，时常会让我们猝不及防、手足无措。但如果我们内心不畏惧，能够用乐观的态度面对它，那么，失意就没有什么可怕的了。

看看那些不因失意而丧失意志的人，哪一个不是坦然地生活，最终获得了成功？再看看那些因为失意而堕落的人，哪一个不是以悲惨的结果收场？

当你面临失意的时候，不要太过在意，更不要让自己沉浸其中不能自拔。要知道，你现在的失意不会影响你未来要走的路。只有让自己变得坚强，对失意一笑而过，你的心境才会平静起来。这时你会发现，失意已经成了超越自我的契机，让之后的人生越来越有底气。

一个冬天的早晨，凡尔纳刚吃过早饭，突然听到一阵敲门声。

凡尔纳打开门一看，原来是一个拿着一包邮件的邮递员。一看到这样的邮件，凡尔纳就预感到不妙。自从他几个月前完成了自己的第一本科幻小说《气球上的五星期》后，他已经先后收到14封各大出版社的退稿信。

凡尔纳怀着忐忑不安的心情拆开了邮件。果然，这是第15封退稿信，上面写道：" 凡尔纳先生：您的稿件经过我们的审读后，不拟出版，特此奉还。××出版社。"

每看到这样一封退稿信，凡尔纳心里都是一阵绞痛。此时他已明白，自己只是一个无名小卒，那些出版社看不起无名作者。他愤怒地发誓，从此再也不写了。

凡尔纳准备将自己辛辛苦苦写了几个月才完成的手稿付之一炬，但他的妻子及时赶过来，一把抢过手稿，紧紧地抱在胸前。

此时的凡尔纳余怒未息，说什么也要把稿子烧掉。他的妻子急中生智，满怀关切地安慰道："亲爱的，不要灰心，再试一次吧，也许这次能交上好运的。"

听了这句话以后，凡尔纳抢夺手稿的手慢慢地放下了。他沉默了好一会儿，决定接受妻子的劝告，抱起这一大包手稿到第16家出版社去碰运气。

这次，凡尔纳终于没再收到退稿信。这家出版社立即决定出版此书,并与凡尔纳签订了20年的出书合同,鼓励凡尔纳继续写下去。自此之后,凡尔纳走上了作家之路。

从凡尔纳的故事中,我们可以看出:太阳落了还会升起,乌云过后就是晴天,不幸的日子总有尽头,过去是这样,将来也是这样。既然已经遭遇了失意,退缩、逃避又有什么用呢?只不过是让自己的人生更加糟糕罢了。想要迎接美好和成功的人生,我们必须要做的是坦然面对,坚强地站起来。

失意时最忌情绪低落,最忌破罐子破摔,一定要想着做点什么事来帮助自己渡过难关。失意时,你可以先大哭一场,把失败的苦痛彻底地释放出来。痛哭之后,你一定会轻松很多,但要及时反思自己错在哪里。如果还有挽救的余地,就不可轻言放弃;如果实在无药可救,自己在这方面没有什么优势和天赋,那就计划下一步做什么吧。

看看历史上的那些伟人吧,哪一个不是从失意中坚强地站了起来?哪一个不是勇敢地与失败和挫折做斗争?所以,失意并不可怕,可怕的是我们对它产生了恐惧心理,不敢面对它,更不敢努力战胜它。

要相信自己,只要敢坦然地面对一切,就没有什么事是不可以战胜的,失意也是如此。

■ **越害怕越要做，这就是突破**

对于那些未知的事物，我们都有与生俱来的恐惧，因为不知道自己会面对什么，不知道会有什么样的损失，不知道自己是否能够承担可能出现的结果。尤其是当这件事关系到自己的未来时，这种恐惧更是会成倍地增长。

正因如此，在突破与保持之间，人们更习惯安于现状。即便现状不如意，人们也不愿意做出改变，不敢打破这种糟糕的现状。

因为，这种状况虽然不会变好，但也不会变得太坏——它至少是安全的，可以掌控。而一旦做出改变，事情就很可能失去控制，往最糟糕的方面发展。

于是，在这样的想法下，多数人会选择原地踏步，过着得过且过的生活。可是，这样的生活真的是这些人想要的吗？如果不做出改变，不努力让生活变得更好，生活又有什么意义呢？

我们的生活不应该是一成不变的，更不应该越来越糟糕。我们应该寻求改变和突破，做更多的尝试和努力。虽然这需要承担失败的风险，但也意味着未来充满了更多的精彩。即便是失败了，我们也要让自己逃脱恐惧，得到成长。

刘安曾是一所大学里的餐厅清洁工，在新校长上任后却遭到了辞退。新校长辞退他的理由，却让人哭笑不得——这位新校长说："我发现这个清洁工小学还没毕业，如此低的文化程度怎么能在这样一所知名大学里工作，所以必须辞退他。"

突如其来的失业让刘安手足无措，要知道他已经在学校工作了二十几年。他一直都是一名餐厅清洁工，除了清洁工作，根本不曾做过任何其他工作，他的恐慌可想而知。更何况，他是一个连小学都没毕业的人，失去工作的他，今后又该如何解决生计问题呢？

就在一筹莫展的时候，刘安突然听说他的邻居想把自己的杂货店盘出去。虽然从来没做过生意，但已经走投无路的刘安心想，这或许算是一个谋生的机会。于是，他拿出自己所有的积蓄，以及被辞退时领到的补偿金，把邻居的杂货店盘了下来。

在经营杂货店的过程中，刘安展现出了意想不到的天赋，很快就把杂货店发展成了小超市，再后来小超市又发展成了连锁店……

许多年后，回忆起当初创业的契机，已经成为知名连锁店老板的刘安不禁感叹道："以前也想过不做清洁工，做一点更赚钱的事，但因为害怕社会，不相信自己，经常对自己说'做个清洁工也不错'。也许我真该谢谢那位校长，他让我做了我害怕的事，发现自己其实也有成功的能力。"

刘安之前做大学餐厅的清洁工，这让他甘之如饴。虽然他也曾有过想要拼搏的梦想，但对于未知的恐惧，让他拒绝了一切可能通往成功的途径。虽然他的生活是安全、稳定的，但这样的生活却离梦想越来越远。直至有一天，生活将他逼到绝境，他不得不奋力一搏的时候，他才知道自己并不是没有成功的能力，而是缺乏改变和突破的勇气。

对未知充满恐惧，是人之常情，也是可以理解的。但生命是一个历练的过程，需要不断地突破与探寻。缺少了这个突破和探寻的过程，生活就将永远停留在原地，无法迈向一个全新的高度。所以，我们必须克服内心的恐惧，去做那些让我们害怕的事，坚持一步步地做下去，才可能迎来真正的蜕变与成功。

一家保险公司为了加强员工的业务能力，开办了一个岗前培训班，请了业内有名的心理学家、教授、业务高手来做讲师，花费半年的时间对新人进行培训。领导们相信，经过这样的培训，新人的业务水平一定能出类拔萃，为公司带来更高的效益。

可令人意外的是，一年之后，这些公司费心费力栽培的员工大多选择辞职改行。

公司高层百思不得其解，最后是一位心理学家给出了答案：经过培训，员工的确培养了高超的业务水平，但他们缺少保险人最重要的素质——众所周知，想做保险员，必须有极强的心理承受能力，这样才能让他们在推销保单时忍受旁人的白眼和一次次的失败。有时候，成功需要的不仅仅是娴熟的技能，一个乐观的心态也许更加重要。

成功的道路上，充满了各种未知的恐惧，没有人知道，向前迈进之后究竟是天堂还是地狱。可我们不能因此就停止自己的脚步，要知道未知和变化是我们活着的最好印证。勇敢地挑战这些未知和变化，就是证明我们人生价值的最好方式。

别让恐惧阻挡了你前进的步伐，勇敢地去做那些你害怕做的事，勇敢地去尝试那些令你恐惧的事。

拒绝尝试就是停止进步和前进的开始，拒绝战胜恐惧就是失去未来的开始。因为，生命就是需要迎接一个又一个的挑战，战胜一个又一个未知的恐惧。我们只有让自己拿出勇气和决心，多尝试一些不敢做的事，才能从中找到通往成功的路径。

Chapter 3
从此，学会遗忘
——一个努力记住伤痕的人，只能生活在伤痕中

■ **当你学会宽容，也就拥有了幸福**

生活中，我们可能会遇到让自己不顺心的事，也可能会遇到一些伤害我们的人。这时候，如果我们只记住不顺心和别人给自己带来的伤害，那么痛苦就会占据我们的心灵，让生活变得狼狈不堪。

在金庸经典著作《神雕侠侣》中，有这么一段描述：

李莫愁，绰号"赤练仙子"。她本是古墓派弟子，因为擅自出古墓被师傅逐出师门。她倾心于陆展元，不顾男女之嫌为其疗伤。她本想与陆展元共浴爱河，却没想到陆展元移情别恋，另娶了一位女子为妻。

李莫愁怀恨在心，处心积虑地想要为自己的情感讨回公道。于是，她大开杀戒，不仅杀了陆展元夫妻，还杀害了很多无辜的人。她的双手沾满了鲜血，使得江湖中人对其闻风丧胆。

李莫愁让仇恨蒙蔽了心智，不肯宽容陆展元，从一个如花似玉的姑娘沦为杀人魔头，让人见到她就吓得两腿发抖。伤害和仇恨确实难以让人忘怀，可我们的内心并不大，一旦被仇恨充满了，宽容和爱就会没有立足之地。更何况，复仇并不能给人带来快感，如果你复不了仇，那么内心就会痛苦不堪；即便你复了仇，就像李莫愁一样，杀死了伤害自己的人也不会因此而获得快乐。

心怀仇恨是痛苦的，这份痛苦只有宽容才能治愈。宽容是让我们的心灵得到慰藉，忘记伤害和仇恨的最佳良药。所以，学会宽容吧，用宽容的心面对曾经伤害过自己的人，这样一来，你不仅饶恕了别人，也放过了自己。

斯宾诺沙说过："人心不是靠武力征服，而是靠爱和宽容征服的。"当我们主动宽容别人的时候，我们的心就会轻松很多，并且迎来属于自己的幸福。

美国著名"建筑大王"凯迪和"飞机大王"克拉奇都是跻身于上流社会的名人，二人关系很好。凯迪有一个女儿，克拉奇有一个儿子，为了让两家人的友情延续下去，他们撮合子女成婚。但两个人的感情并不好，经常吵架。

结婚没多久，令人震惊的事发生了：凯迪的女儿不幸惨遭杀害，而警方收集来的证据指向克拉奇的儿子。尽管克拉奇的儿子拒不承认自己的罪行，但法院还是判决其一级谋杀罪名成立，判其终身监禁。

克拉奇为了让凯迪去法院为自己的儿子说情，不让儿子老死狱中，同时也为了弥补自己对凯迪的愧疚，于是千方百计地补偿凯迪一家。但凯迪一看到克拉奇，心就疼痛难忍，犹如一把钢刀插进心窝，整天埋怨自己看错了人，害了女儿。而克拉奇全家，更是生活在自责中。

就这样，由于双方不能达成和解，仇恨无情地折磨着他们，让他们的内心得不到片刻的平静。一年一年地过去了，两家人从来没有真正笑过，没有觉得幸福过。他们头顶的上空，总是笼罩着仇恨。

20年之后，真相终于大白，原来凯迪女儿的死和克拉奇的儿子无关，这件事在美国激起了轩然大波。面对记者的采访，凯迪和克拉奇不约而同地说了同样一句话："这20多年来，我们所受的折磨是永远支付不起的。"

仇恨让两个本来要好的朋友成为敌人，并且互相折磨了20余年。他们以为自己用残忍的方式伤害了对方，殊不知是自己伤害了自己。因为仇恨让他们失去曾经的朋友，失去快乐的生活，只能在痛苦的深渊中苦苦煎熬。试想，如果当初凯迪能够大度一点，原谅克拉奇一家，又怎能让自己备受折磨呢？

其实，我们在宽容别人的同时，也是在宽容自己。当我们学会了宽容，曾经的仇恨就会被遗忘，内心的痛苦就会有所减轻，如此才有信心和心情迎接新的生活和未来。所以，面对曾经伤害过自己的人，不管他是有心的还是无意的，都不要把这份伤害记在心里，更不要在心中埋下仇恨的种子。

■ 有一种高贵，叫不念旧恶

人与人之间的交往免不了磕磕碰碰，有些摩擦往往是无心引起的。如果不懂得克制，不懂得宽容，把与别人的摩擦和嫌隙记在心头，那么生活的负担就会越来越重，内心的烦恼也会越来越多。

人们常说冤冤相报何时了，没有人天生就喜欢仇恨别人，也没有人愿意为自己招来麻烦。让能过去的就这样过去，让能忘记的就这样忘记，不念旧恶，不记前仇，再多的不愉快也会烟消云散。可是，一旦对于别人的伤害无法释怀，想尽办法去报复的话，那么，自己也会在这个过程中失去自我。

花前月下，他对她说非她不娶，她回应说非他不嫁。但是，他们的交往却遭到了他家族所有人的反对，只能选择私下偷偷地交往。

她和他的交往，还是被双方的家人发现了。后果可想而知，他父母为他选了一个妻子，择日成婚；她则被家人反锁在屋内思过。听着从他家传来的婚礼唢呐声，她恨，恨他不遵守诺言，恨他懦弱无能，恨他胆小怕事。

万念俱灰之间，她想到了死。正当她准备吞下安眠药时，她的脑海中突然跳出一个念头：就这样死太便宜他了，要活下去，一生不嫁，从此来报复他，折磨他，让他愧疚一生，不安一生，痛苦一生。

这期间，她几乎每天都要去他家门前，并不做什么，只是不停地在他和他的妻子以及孩子身前转一转，但从不跟对方搭话。当他主动搭话，一次次地尝试向她道歉的时候，她也置之不理。她能感受到他内心遭受着强烈的谴责，但看看自己孤灯清影的寂寞，就觉得这一切都是他造成的，他必须付出代价。于是，她肆无忌惮地坚持着报复的计划。

终于，他在56岁那年抑郁而终。

她非但没有感到报复的快感，反而感觉一下子失去了生活的目标。她不断回味、咀嚼着自己过往的人生，发现自己从来没有感到快乐过。父母逝世之后，她身边没有一个关心自己的朋友。看着自己满脸皱纹、满头银发，她开始后悔，后悔自己把一生都绑在了对他的仇恨上，后悔没有体验过做妻子、做母亲的美好。

这个世界上，有太多人习惯以眼还眼、以牙还牙，习惯记住别人的坏处和伤害。但这样做，对自己并没有任何好处。仇恨是世界上最可怕的东西，它可以让一个人失去理智，堕入无底深渊。因此，不管遭受什么伤害，我们都应该做到坦然面对，多一分宽容，少一些仇恨；多一分谅解，少一些怨怼。

不宽恕别人，只会让自己活在痛苦中，生活得郁郁寡欢。因为，你的精力几乎全部用在报复别人的事情上去，就算报复成功了，自己也会有种失落和悔恨交织的感觉。

生活已经不容易，我们为什么还要自己折磨自己呢？放弃虽然难以做到，但确是让自己解脱的最佳方式。与其因为过去的伤害而痛苦不已，为什么不能尝试着放弃呢？

郑军和徐伟同在一家公司，两个人年纪相仿，一个29岁，一个28岁，关系很好。有一次，他们共同策划了一个大型活动。活动结束后，郑军被老板派去出差，于是总结和汇报工作的任务落在徐伟的身上。

然而，就在此时，徐伟的孩子因病住院了。不得已，徐伟一边要工作，一边要照顾孩子。这样一来，注意力难免分散。由于一时疏忽，徐伟在汇报时把负责的工作中的一个重要环节给弄错了。这份出了错的材料，自然引起主管的不满，他将徐伟叫来，严厉地询问造成失误的原因。结果，徐伟害怕承担责任，一时鬼迷心窍，就把责任推给了郑军。郑军出差回来后，自然受到主管劈头盖脸的训斥。

主管的批评让郑军一时丈二和尚摸不着头脑。经过多方打听，他明白了是怎么回事，于是急忙向主管解释，这才消除了误会。这件事自然传到了徐伟的耳朵里，他非常惭愧，可又没脸找郑军道歉，于是只得每天躲着郑军，生怕两人见面出现尴尬。

郑军了解到此事后，主动找到徐伟，对他说："小徐，那次的事，过去了就让它过去吧，别太在意了。"

郑军的大度让徐伟十分感动，从此之后，他将郑军看作大哥，对其言听计从。几年后，两人共同奋斗，创出了一番令人刮目相看的事业。

当初，徐伟的行为有点过分，他为了自己的利益而害得郑军无端挨了主管一顿臭骂，相信很多人会对他心有芥蒂，能远离就远离，甚至怀恨在心。但是，郑军并没有这么做，他不念旧恶，用自己的宽容和人格魅力彻底征服和感动了徐伟，也为自己迎来了不错的事业。

选择宽容，要比记住别人的伤害，伺机报复对方更有智慧。它能让怨与恨化敌为友，帮助人们在未来的路上赢得人气，让自己的心灵获得快乐。

有一种高雅，叫作不念旧恶。所以，不要总是怨恨那些曾经伤害过你的人，用宽容的心态来化解仇恨，给自己的心灵减少一些负担。如此一来，生活才会充满阳光。

■ 既然没有后悔药，何必还后悔

朱自清曾写道："燕子去了，有再来的时候；杨柳枯了，有再青的时候；桃花谢了，有再开的时候。但是，聪明的你告诉我，我们的日子为什么一去不复返呢？"我们的人生何尝不是如此呢？从我们出生的那一刻开始，时间就一分一秒地过去了，日子一去不复返。

人生注定就不能走回头路，即便有遗憾、有后悔，也无法从头来过。在这个世界上，什么药都有卖的，唯独没有卖后悔药的——当某件事已经发生的时候，我们就应该勇敢地面对，继续向前走。即便你后悔、难过，也不可能从头再来，也没有后悔药可以吃。既然如此，何必后悔呢？

拿破仑·希尔小时候是一个非常顽皮的孩子。有一天，当他和几个小朋友在一间荒废的阁楼里玩耍的时候，一不小心从阁楼上滑了下去。当他摔倒的那一刻，一根钉子勾住了他的戒指。

这个戒指是父亲的。希尔经常看父亲戴着，觉得非常好奇，就偷偷地戴到了自己的手指上。然而，这个戒指成为使他变成残疾的罪魁祸首。他摔倒的时候，一股强大的力量把他的整根手指都拖拉了下来。

正所谓十指连心，一股锥心的疼痛让拿破仑希尔当时就昏迷了过去。他以为自己死了，不过最后还是幸运地活了下来。但是，他永远不可能和正常人一样了——他失去了一根手指，变成残疾人。

很多人以为，这件事对拿破仑·希尔是一个很大的打击。但当手痊愈以后，他没有总盯着自己的断指，也没有因此而烦恼，而是像以前一样开心地生活，好像断指的事没有给他造成任何影响。

好友好奇地问："你曾经后悔自己当初的行为吗？"

拿破仑·希尔摇摇头，回答道："后悔有什么用呢？难道时间会因为我的后悔而倒流，手指会因我的后悔而长出来？后悔只能给自己徒增烦恼罢了。相反，如果我不因这件事而烦恼，那么就会发现我的四根手指和别人的五根手指没有什么不同。"

希尔停顿了一下，继续说道："人生有好多事是这样的。即使我们真的错了，那也不能因为过去的错而耿耿于怀。因为这样不但于事无补，而且只会劳神费力，所以我们应该转过身继续往前走，而不是总往后看。"

人的一生会犯很多错误，也必然会为自己的过错付出一定的代价。当我们付出代价之后，就不应该为过去的错误不断地后悔，更不要奢望可以走回头路。因为过去的已经过去，即使我们再悔恨，也不可能改变既定的事实。

我们与其沉浸在过去，让悔恨毁掉自己的生活和未来，不如学会遗忘，坦然地接受事实，继续走完剩下的人生之路。

拿破仑·希尔正是因为明白了这一道理，断指事件才没有影响自己的心态，他还是像往常一样开心地生活着。正是因为他懂得向前看，朝着更远的目标前进，最终成为美国著名的现代成功学大师。

世上没有后悔药，所以不要因为曾经的过错或是遗憾而陷入悔恨中，否则，你永远走不出过去的阴影。当我们做了让自己后悔的事时，唯一要做的就是引以为戒，提醒自己不要再犯同样的错误。

人生在世，我们可以转身，但不必回头，即使有一天发现自己错了，也应该转身大步地朝着对的方向前进，而不是一直回头埋怨自己的错误。

■ 把包袱放下，为生命放松

人生就像一艘航行在汪洋中的船，在航行的时候，每到一个港湾都会有新的旅客上船，同时也会有一些到站的旅客下船。但如果船上的旅客只上不下，客船很快就会因为超载而不得不放慢航行速度，甚至还有可能面临因不堪重负而沉没的危险，无法顺利地到达彼岸。

在现实生活中，我们总是想要拥有更多的东西，如事业、爱情、金钱、权力、名誉等。与此同时，我们又不舍得放弃一些东西，所以人生的行囊会越来越重。

这时候，这个行囊已经不是我们的快乐，反而成了我们的包袱。它不仅阻碍我们前进的步伐，还使我们的身心不堪重负，导致我们离幸福越来越远。

有一位年轻人，他背着一个重包袱，不远万里来找佛祖寻求解脱之道。

皇天不负有心人，他如愿以偿地见到了佛祖。他跪下对佛祖说："佛祖，我是那么的疲惫，感觉疲惫到了极点，鞋破了，嗓子哑了，手脚受伤了，您说我这是怎么了？"

佛祖说："你把包袱放下来，慢慢说。"

年轻人说："那怎么能行呢？它对我可重要了，里面有我每一次跌倒时的痛苦，有我每一次受伤时的眼泪，还有我每一次孤寂时的烦恼……多亏了它，才能让我坚持到现在，走到您这儿来。"

佛祖听完后，将年轻人带到水很深的河边，并且和年轻人一起砍了一棵树，放进河里。他们踩着树过了河，上岸之后，佛祖说："你扛着树，赶路去吧！"

年轻人非常诧异地说："那怎么行呢？它那么沉，我怎么能扛得动？"

佛祖笑了笑说："你觉得树很沉，难道你的包袱就不沉吗？你背着它能不累吗？有些东西也许开始对我们有用，但当我们闯过难关后，如果一直不肯放下它，久而久之，它会变成我们的包袱。就像痛苦、孤独、寂寞、灾难等，曾经对我们有用，能使我们的生命得到升华，但时间已经过去，事情也已经得到解决，我们还一直对它们念念不忘，那么，它们就会成为我们的包袱，这就是你痛苦的根源。"

听完佛祖的话，年轻人放下包袱继续赶路。这时，他发现自己心里像扔掉了一块石头一样轻松了很多，步子也比以前快了很多。他终于明白，原来放下过去的包袱，会让自己的生活更加轻松。

也许，很多人会笑话年轻人最初的愚昧和无知，然而在生活中，有多少人又何尝不是如此呢？

人生中的每一次跌倒、哭泣，果然是有意义的。但快乐、痛苦也好，愉悦、烦恼也罢，都不过是我们人生旅途中的一次经历，是我们生活中的一部分——它们不是我们生活的全部，也不应该成为我们人生的负累。

如果一个人把所有的快乐和痛苦背负在肩上，不舍得放弃，就会让自己的包袱越来越沉重，最终压得自己喘不过气来。只有懂得放弃，卸下过去的快乐和烦恼、荣耀和失败，轻装前行，生命才能越来越轻松。

幸福不是一定要得到太多，更不是背着包袱前行。如果你希望这唯一的旅程是快乐的，那么就请学会放下过去的包袱，丢弃那些旧的恐惧、旧的束缚和旧的创伤，放下任何不值得背的东西。

所以，学会舍弃吧！舍弃那些没有价值的东西，舍弃那些多余的东西，这样可以既让自己拥有自由之心，又可以轻松地追求美好的生活，何乐而不为呢？

■ 别让自己的记性总是那么好

人生在世，悲伤常有，可它不应该总是被放在心上。时间长了，这种低落的情绪势必会把我们的生活变得乱七八糟，更会在我们的心底留下阴影，造成心理疾病。

我们的生活不只是悲伤，还有很多快乐、幸福和美好。不要让自己停留在悲伤之中，学着忘记悲伤，用心地创造快乐的生活吧。那么，痛苦就会随之而去，幸福的生活也会随之而来。对于生命中的伤痕，我们要主动地忘却，多想想生活的美好，多回味快乐的感觉——当你把悲伤和痛苦从内心中赶走，天空就会出现彩虹。

小娟的儿子在一场车祸中丧生了。当得知这个消息后，悲痛欲绝的她完全没办法让自己平静下来，不论她做什么、想什么，那种悲伤的感觉总是存在。为了摆脱悲伤，她开始让自己不停地忙碌起来。

此后，小娟便没有多余的心思去想念儿子了。但只要静下来，甚至只要走路停下一会儿，那种悲伤的感觉就会袭来，令她无法招架。

后来，小娟不再逃避，不再没事找事瞎忙。当丧子之痛再次降临在她的心头，她就会让自己渐渐地平静下来。最后，她战胜了自己。这是因为，她明白最痛苦的一刻已经过去，而快乐的生活还需要自己去创造。

当她走出悲伤后说的第一句话是："我可以再次体会人生的快乐，那些悲伤已不是现在的事了。它只是我人生的一部分，而人生还有其他的道路可以让我继续走下去。"

面对悲伤，几乎每个人都很难放下，但不放下又能怎么办？难道真的让自己一直沉浸在悲伤中不成？事实上，不管发生什么，我们都必须面对未来，让自己尽快地从痛苦中走出来。而最好的办法，就是学会遗忘，记住应该记住的，忘记应该忘记的，尤其是生活中的悲伤和痛苦。

在一个家庭舞会上，许多已婚夫妇和不少单身的未婚男女穿梭其间，他们个个都兴高采烈。其中，有位神采奕奕的单身女性，大约60岁，很多人认为这位上了年纪的单身妇人这一生一定过得很幸福，其实不然。她曾遭遇丧夫之痛，但她并没有因此消极下去，反而把自己的哀伤抛开，毅然开始新的生活，重新开始生命的第二个春天。

丈夫在世时，他是她生活的重心，也是她最为关爱的人。丈夫去世后，她也有过伤痛和迷茫。那段时间，她很难和别人打成一片，或把自己的想法和感觉说出来。因为，长久以来丈夫一直是她的伴侣和精神支柱。她知道自己长得并不出色，也没有万贯家财，因此，在那段近乎绝望的日子里，她一再自问："我怎样才能活得快乐呢？"

后来，她找到了答案：得把自己的快乐奉献给别人，而不是等着别人来给自己什么。想清了这一点，她擦干眼泪，换上笑容，开始忙着画画。她也会抽时间拜访亲朋好友，尽量制造欢乐的气氛。

久而久之，她开始成为受大家欢迎的对象，时常有朋友邀请她吃晚餐，或参加各式各样的聚会。并且，她还在社区里举办了画展，给人留下了美好的印象。

既然悲伤让我们痛苦不堪，为什么非要让自己记住那些东西呢？过去的就让它过去吧，不要让悲伤长时间地围绕在我们心头。要知道，"放下"是一种人生智慧，放下悲伤就是解脱自己，遗忘痛苦就是迎接全新的开始。

除了悲伤，我们需要做的事还有很多，千万不要因为深陷于过去的悲伤而错过未来的美好。别让自己的记性总是那么好，很多时候，学会遗忘才是最佳选择，你才能因此而踏上幸福的人生旅程。

■ 你心朝阳，自然自在安详

佛说，苦海无边，人活着就要受苦受难。从出生的那一刻起，人就要承受各种痛苦和磨难。更何况，世事难料，人生无常，谁也不敢保证明天会发生什么事，谁也无法预料人生会遭遇什么样的困难和灾难。

所以，我们必须做好迎接风雨与挫折的准备，也应该坦然地承受随之而来的痛苦。

事实上，我们无法避免人生中的痛苦，也没有能力改变它。但这并不意味着我们的人生注定无法摆脱这些痛苦，获得幸福快乐的生活。只要我们心向阳光，用积极的心态对待生活，就能享受到幸福和快乐。

一位老先生得了一种怪病，这种病让他茶饭无味，萎靡不振。他看了很多医生，都没检查出什么结果，吃了很多药，但都不管用。

一天，镇里来了一位特别厉害的医生，老先生就去看病。名医询问了一番后，开了一张方子，让老先生按方抓药。老先生来到药铺，给卖药的师傅递上方子。师傅接过一看，哈哈大笑起来，说名医肯定是搞错了，因为这方子是治妇科病的。

老先生赶紧回去找医生，医生却出了远门，要一个月以后才能回来。老先生只好回家了。在回家的路上，他仔细想了想，名医竟然给自己开了一个治疗妇女内分泌失调的方子，看来确实是他搞糊涂了。他越想越觉得好笑，还把这事告诉家人和朋友，大家都忍不住乐了起来。

一个月后，老先生去找医生，笑呵呵地告诉他方子开错了。医生听后笑着说，这是他故意开错的。原来，老先生是由于肝气郁结而引起抑郁症，这种病吃什么药效果都不是很大，只有经常笑才能起作用。

老先生这才恍然大悟：这一个月，他光顾着笑了，直到现在才发现自己的病已经不知不觉地好了。

由此可见，只要我们笑看生活，就不会被那些消极情绪所困扰。快乐其实是一件很简单的事，你心朝阳，自然自在安详。我们不要被负面情绪占据自己的心灵，而要给自己开一个药方，让自己快乐起来，那样，生命就会变得异常精彩。

美好与幸福和很多东西无关，只与我们的内心有关。如果一个人的心情总是灰色的，那么，即便他的生活再富裕，他拥有的东西再多，也都白搭。反之，一个人内心充满阳光，即使生活贫苦过着平凡的日子，那么生活也是有滋有味的。

所以，快乐源于我们自己的心态。当我们的内心产生了快乐的冲动，并有意去做一些快乐的举动时，我们就会快乐起来。让自己的内心向着阳光吧！只要你愿意，那些消极情绪就不会缠上心头，快乐一直会陪伴你走完漫长的人生之路。

■ 不过跌一跤，多大点事儿

天底下没有永远不幸的人，也没有永远幸运的人。所以，在成功的道路上摔一跤，是非常常见的事。这时候，很多人会因此而抱怨，抱怨自己为什么如此倒霉，抱怨自己为什么不是一个幸运的人。于是，他们在抱怨中失去爬起来的勇气，在自责中失去继续尝试的胆量。

可是，不过是摔一跤罢了，多大点事儿啊，用得着这么自暴自弃吗？即便你摔得比较惨，爬起来需要些精力和时间，但自暴自弃也于事无补，还不如积极主动地汲取教训，总结经验，重新站起来。

曾经，互联网上流传着这样一封信，它是凯恩斯写给朋友的。在信中，他这样写道：

"很小的时候，我就一直渴望考入剑桥大学。为了这个理想，我倾注了自己全部的心血，我所付出的巨大努力使我坚信，日后剑桥大学一定有我的一席之地，根本不可能发生意外。

"可是,这只是我的想象而已。后来,我得知自己根本没有被剑桥大学录取,这个消息让我觉得整个世界都破碎了——甚至我觉得再没有什么理由支撑我活下去了。我开始忽视我的朋友、我的前程,抛弃了一切。我决定远离家乡,把自己永远藏在眼泪和悔恨中。

"当我清理自己的物品时,突然看到一封早已被遗忘的信,是已故的父亲给我的信。他在信中写了这样一段话:不论跌倒了多少次,我们都要永远地微笑着面对生活,要像一个男子汉,承受一切可能的失败和打击。

"我把这段话看了一遍又一遍,觉得父亲就在我的身边,正在和我交谈。他仿佛在对我说:'坚持,不管发生什么事,向它们淡淡地一笑,继续活下去。'

"现在,我每天的生活都充满了快乐。虽然没有进入剑桥大学,但我在事业上取得了一些非凡的成就,这一切都是因为我不怕摔倒。"

其实,跌倒了并没有什么大不了的,它并不代表你无能。跌倒了,失去重新站起来的勇气,才是无能的表现。

面对生命中的失败而一直哭泣,沉浸在抱怨和自责中,只能让自己失去斗志,永远也站不起来。所以,坦然地面对失败,对自己说:"不过是摔一跤,多大点事儿。"然后拾起勇气,爬起来继续前进。

临近大学毕业的时候,别的同学都在忙着找工作的事,而高星却想自己创业。他曾经给一家私立大学做过代理招生,这让他萌生举办一个成人教育班的念头。毕业后,他东求西借凑了几万块钱,终于把教育班办了起来。

起初,教育班发展得还不错,可因为缺乏经验又疏于财务管理,高星只顾着将资金投入广告宣传、租房和日常开销上,却忽略了一个重要的问题——提升教育实力。结果,教育班虽然引起了不错的社会反响,可经济效益并不好。干了几年下来,他不仅没有赚到钱,反而将当初借的那些钱也赔了进去,算是竹篮打水一场空。

这一次的创业失败,给高星造成了很大的打击。他抱怨自己疏忽大意,没有考虑周全,这种状况持续了几个月的时间。那段日子,高星整天闷闷不乐,有时候就一个人喝闷酒,神情恍惚,根本没心思重新发展自己的事业。

一天,高星在街上闲逛时突然遇到自己的大学老师。那位老师当初很欣赏高星,如今看到他憔悴不堪,实在不解。

当高星将自己的事告诉老师后,老师想了想,真诚地对他说:"事都过去了,你现在后悔有什么用呢?它只能让你的心情越来越糟,意志越来越消沉。你要试着接受失败,从这些失败中汲取经验教训。你还年轻,完全可以重新开始。"

听了老师的一番话,高星感觉自己不再彷徨。很快,他就振作了起来,充满激情地投入到了自己的事业中来。

在人生路上，人人都会跌倒，有人摔得还很重。但跌倒并不代表失败，只要你敢站起来，那些挫折会变得非常渺小。更何况，很多时候，我们跌倒并不是因为自己没有获取成功的能力，而是因为时机未到，或者是暂时做了错误的决定而已。

告诉自己，跌倒并没有大不了的，事情可能没有自己想象的那么糟糕。学会放下过去，主动站起来，那么成功与幸福就离你不远了。

Chapter 4
把"如果"埋在心底
——人生没有如果,当下才是幸福的开始

■ 最美好的日子,就是现在

有一个哲学家,在周游世界的时候,无意间在古罗马城的废墟里发现了一尊双面神像。哲学家非常好奇,便走上前去询问双面神:"大神,我有一个问题想不明白,请问你为什么只有一个头,却有两副面孔呢?"

双面神说:"我的两个面孔是有特殊功能的,我的其中一个面孔察看过去,为自己汲取教训;另一个面孔仰望未来,给世人以憧憬和希望。"

哲学家更加不解,继续问:"可是,过去的已经过去,未来又尚属未知,都是没有意义的。你为什么拥有两面,却没有一面注视最有意义的今天呢？昨天是今天的逝去，明天是今天的延续，你无视现在，就算你对过去了如指掌，对未来洞察先机，又有什么意义呢？"

双面神听完哲学家的话，顿时泪如雨下。这时，他才知道罗马城之所以被人攻陷，正是由于自己一面看昨天，一面看明天，忽视最有意义的今天，从而导致自己也被丢在罗马城的废墟里。

没错，在岁月的长河里，过去的一切美好都已经成为历史，而未来又是一个未知数。最美好的日子，并不是无法改变的过去，也不是虚无缥缈的未来，而是现在。要知道，过去已经过去了，即便你再留恋也无法回来；未来是遥不可及的，即便你再向往也无法得到；只有现在是最真实的，是触手可及的。所以，我们与其苦苦追寻过去和未来，还不如把握好现在，把握好此时此刻。

可惜，现实生活中有不少人却不懂得这个道理。他们总是留恋过去，或是向往未来，忽视现在所拥有的东西——以至于等到失去现在所拥有的一切之后，才后悔莫及。珍惜现在的时光吧，因为它是我们人生中最美好的东西。

著名作家斯宾塞·约翰逊写过一本名为《礼物》的书，里面有这样一个故事：

有个男孩子问一位充满智慧的老人："世界上有最珍贵的礼物吗？"

老人回答道："有！世界上最珍贵的礼物，可以让人生获得更多的快乐和成功,可这个礼物只有依靠自己的力量才能找到。"

于是,这个男孩子从童年到青年走遍了千山万水,用尽所有的办法四处寻找这个最珍贵的礼物,可他越拼命寻找,越感到生活不快乐,而他生命中那个最珍贵的礼物,自始至终都没有出现。

到后来,气急败坏、心生绝望的年轻人决定放弃,不再没有目的地寻找世界上最珍贵的礼物了。此时,他蓦然发现,苦苦寻找的东西原来一直在自己身边,这个人生最好的礼物就是——"此刻"。

法国伟大的哲学家兼数学家巴斯葛说:"我们向来不曾享受现在。在我们的一生中,不是沉湎于过去,就是盼望着未来;不是去抓住已经如风的往事,就是嫌时光走得太慢。我们实在太傻了,竟然用一生的时光去留恋那些根本不属于我们的时光,而忽略了唯一属于我们的时刻。"

的确,逝者不可追,来者犹可待。幸福不是回忆过去,也不是等待未来——幸福往往只在一瞬间,就是珍惜现在的生活和所拥有的一切。而我们最应该做的,就是不要荒废现在的幸福,尽情地享受此时此刻。

■ 今天的你没理由来承担明天的烦恼

很多人喜欢谋划明天或是更远的将来,甚至担心未来会怎样。但是，明天会怎样是明天的事，未来是否幸福和快乐也是未来的事，我们完全没必要为不确定的明天而担忧，更何况该来的还是会来。我们今天的忧虑并不能够改变明天的状况，只是徒增自己的烦恼罢了。既然如此，我们为什么要为了明天而烦恼呢？

我们不妨来看一个小故事：

有一位小和尚，每天早上的主要任务就是清扫寺庙中的落叶。

清晨起床扫落叶是一件极为辛苦的事，尤其是在每年的秋冬之际，只要一起风，树叶就会随风飞舞。这样，小和尚每天都需要把大部分时间花在清扫落叶上，这让他头痛不已。

一位老和尚看他愁眉不展的样子，问清原因后，告诉他："想省力些还不简单，只要在明天打扫之前用力摇树，尽可能多地把树叶摇下来，那么第二天就可以不用那么辛苦，花费那么多精力去打扫了。"

小和尚觉是这真是个好办法，于是隔天就起了个大早，按照老和尚的方法使劲地用力猛摇树，心想，这样就可以把今天和明天要扫的落叶一次性地给清扫了。于是，他一整天都极为开心。

第二天早晨，小和尚起床推开门，不禁呆住了——昨天扫得很干净的院子，仍然落叶满地！

这时候，老和尚走了过来，摸摸小和尚的脑袋，意味深长地说："傻孩子，不管你今天用多大的力气，明天的落叶还是照样会飘下来；明天的忧虑明天再想，让自己轻松一些吧！"

是的，今天有今天的事，明天有明天的烦恼。就像很多事无法提前完成一样，我们也没有能力解决明天的烦恼。如果一味地担心明天，为了明天的事而烦恼，只会在无形中增加自己的心理压力，让自己活得步履艰难。

俗话说，"车到山前必有路，船到桥头自然直"。我们没有理由，在今天就承担明天的烦恼。尽量珍惜今天的时间，做好今天的事，尽最大的努力做好今天的事，这就是为明天做准备。至于明天的烦恼，等它真的来了，再去考虑也为时不晚。

更何况，世界上有99%的预期烦恼是不会发生的，它们很有可能只存在于自我的想象中。我们为什么非要为了明天那些不太确定的事而烦恼呢？为了那些不会发生的烦恼而让自己难受呢？

美国作家布莱克伍德就有过一段这样的经历：

布莱克伍德的生活几乎是一帆风顺的，即使遇到一些烦心事，他也能从容不迫地应付。但在1943年的夏天，因为战争的到来，世界上绝大多数的烦恼几乎在这一时间降临到布莱克伍德的身上，令他苦不堪言。

布莱克伍德每天坐在办公室里就为这些事烦恼，无奈之下，他就决定把烦心事一一列在纸上。他苦想对策，但都没有想出好的解决办法。最后，他只好将这张字条放进抽屉。

一年半之后的一天，布莱克伍德在整理资料时，无意中发现了这张已经不记得的字条。

布莱克伍德说道："我以前也听人们谈起过世界上绝大部分的烦恼不会发生，对此我一直不太相信，直到再看到这张'烦恼单'时，才完全信服！原来，那些烦恼和担忧没有一项真正发生过。"

布莱克伍德得出了一个结论："其实，99%的烦恼是不会发生的，为了根本不会发生的事情饱受煎熬，真的是人生的一大悲哀！"后来，他据此写成了《99%的烦恼其实不会发生》这本书。

没错，生活中99%的预期烦恼是不会发生的，而我们因为一些不会发生的事烦恼不已，饱受煎熬，不是太傻了吗？这样的人生不是庸人自扰、悲哀的吗？

与其因为明天的烦恼而荒废今天的大好光阴，倒不如好好地把握今天、做好今天的事。这样一来，就算我们所担忧的事真的发生了，也有足够的能力和精力让它朝着好的方向发展。

所以，你要告诉自己：现在不要为明天的烦恼而忧愁，明天的事就等明天再说吧，毕竟明天又是新的一天。

■ 别再说如果，如果只是如果

如果可以，我希望回到那无忧无虑的童年时光；

如果可以，我一定好好学习所有的知识，打造一个完美的自己；

如果可以，我一定珍惜曾拥有的一切东西，不致在失去后才知道它的美好；

如果可以，我一定会选择一个新的起跑线，开始一段新的人生；

……

生活中，很多人喜欢说如果。"如果可以……那该有多好！""如果……我会怎么样！"或许他们的生活不尽如人意，或许他们对过去的决定有了后悔的念头，于是便在后悔中感叹：当初我们没有珍惜应该珍惜的东西，再给我一次机会，我一定会做出正确的决定。

然而，人生就是一次只能前行不能后退的旅程，根本没有如果，即便你对过去的东西再念念不忘，也无法挽回什么。别再说如果了，如果只是如果，任凭自己沉浸在如果之中，只怕连现在的幸福也会失去。

有一位天使很热心、很善良，时常到凡间帮助人，希望能让更多的人感受到幸福。

一天，天使遇到一位年轻人。这位年轻人不但妻子温柔美丽，儿子也活泼可爱，并且还有一群好朋友。可他却整日愁眉不展，唉声叹气，看起来十分不幸福。

天使走上前，问他："你看起来十分不幸福，我能够帮到你什么吗？"

年轻人对天使说道："我什么都有，但只缺一件东西，你能够满足我的愿望吗？"

天使回答说："可以，你缺少什么呢？"

"我缺少的是幸福。儿子不但调皮而且不听话，天天把我闹得心神不宁；妻子尽管温柔贤淑，但我们没有共同话题，一天也说不上几句话；朋友们更是烦人，天天有事没事都来家里拜访，打扰到了我的生活……如果时光可以倒流的话，我不会和现在的妻子结婚，也就不会生孩子……"

妻子、儿子、朋友，不但不能让他感到幸福，而且让他感到不幸福，这下子可把天使难倒了。天使想了想，说："明白了，好吧，我会满足你的愿望。"之后，他便将年轻人周围的所有人带走了，只剩孤零零的年轻人生活在人间。

一开始，年轻人还很高兴，但没过几天，他就意识到没有儿子的欢闹，没有妻子的体贴，没有朋友们的时常鼓励，生活变得凄凉无比。这时，他才知道自己先前的生活是多么的幸福。可是，一切为时已晚。现在，他活在这个世界上已经没有了任何意义，便准备去死。

正在这时，天使又来到年轻人的身边，将他的儿子、妻子和朋友还给了他。年轻人抱着儿子，搂着妻子，站在朋友们中间，满脸笑容地不停向天使道谢，因为他明白了什么才是真正的幸福。

　　拥有的时候不知道珍惜，等到失去的时候，才知道曾经的拥有是多么弥足珍贵。这是大部分人的通病。可是，珍贵的东西已经失去，现在即便是再想挽回也很难挽回。如果刻意盯着失去的东西，不珍惜现在，留给我们的只能是无尽的悔恨，从而造成人生最大的遗憾。

　　所以，我们要想获得幸福，就应该好好地珍惜已经拥有的东西，把自己从那些虚幻的假设中抽离出来。这样我们才能感受到最真切的幸福，才不至于在不久的将来对自己说：如果再给我一次机会，我一定珍惜曾经拥有的幸福。

　　其实，漫漫人生路，人们难免会失去珍贵的东西，难免会做出错误的选择。这确实令人惋惜，但既然覆水难收，我们就应该努力改变自己，争取让之后的人生变得更美好，而不是一味地回味过去，做着如果能够回到过去的梦。

　　人生没有如果，很多时候我们的机会只有一次，错过了就是错过了，任何人都不会有重新来过的机会。所以，别再说如果，如果只是如果，只是你愿意面对现实的借口，只是你逃避失败的理由。

　　想要让自己的人生变得更好，那么，就把自己从虚拟的如果中抽离出来，坦然地面对现实，珍惜当前的拥有。我相信，你的生活就会是幸福的。

■ 莫在羡慕别人中忘记自己的幸福

许多时候，人们时常觉得自己过得不如别人，生活充满苦累，而别人的生活永远是"诗和远方"。他们一边抱怨自己的生活，一边又羡慕别人的生活，希望有一天过上像别人那样美好的生活，以至于在羡慕别人的时候，忘记了自己的幸福。

然而，每个人的生活轨迹不同，每个人的想法和心态也有所不同。你有你的快乐，我有我的快乐，可为什么我们的眼睛要一直盯着别人呢？更何况，你眼中他人的幸福和快乐，并不是真实生活的全部。你怎么就知道当自己过上那样的生活之后，也会同样的幸福、快乐呢？

一条河的两岸，一边住着农民，一边住着僧人。

凡夫俗子看到僧人每天无忧无虑，只是诵经撞钟，于是十分羡慕他们；僧人看到农夫每天日出而作，日落而息，也十分向往他们的生活。

日子久了，他们都各自在心中渴望着到对岸去。

一天，农夫和僧人达成协议。于是，农夫过起了念经诵佛的生活，僧人过起了辛勤劳作的日子。

几个月过去了，成为僧人的农夫发现，原来僧人的日子并不好过，悠闲自在的日子只会让他们感到无所适从，便又怀念起以前当农夫的生活来。

成为农民的僧人也体会到，他们根本无法忍受世间的种种烦恼、辛劳，于是想起做僧人的种种好处。

又过了一段日子，他们各自开始渴望着到对岸去。

或许，羡慕真的是人的本性，看着别人的生活比自己好，就会产生羡慕之心；看到别人优秀出众，就羞愧于自己的平凡普通。我们可以羡慕别人，但这应该是我们进取的动力，而不是抱怨生活的理由，更不应该因为羡慕别人而丢失自己。

幸福只是一种感觉，珍惜自己所拥有的才能感受到幸福。相反，如果你不懂得珍惜或是看不见自己所拥有的，即便拥有得再多，也无法感受到幸福。

不要跟别人做无谓的比较，更不要觉得自己事事不如人。那些总觉得自己不如别人的人，他们不是真的一无是处，而是他们的心灵空间挤满了太多的负累，无法欣赏到自己真正拥有的东西，忽略了自己的幸福。

一个年轻人总是感慨自己时运不济，生活不幸福，终日愁眉不展。

这一天，走过一个须发皆白的老人，他问道："年轻人，你为何如此不高兴呀？"

"我不明白我为什么老是这么穷，别人却都那么富有？"年轻人回答说。

"穷？我看你很富有嘛！"老人由衷地说。

"这从何说起？"年轻人问。

老人没有正面回答，反问道："假如今天我折断你的一根手指，给你 1000 元，你干不干？"

"不干！"年轻人回答。

"假如斩断你的一只手，给你 10000 元，你干不干？"

"不干！"年轻人没有犹豫地回答。

"假如让你马上变成 80 岁的老翁，给你 100 万元，你干不干？"

"不干！"年轻人坚定地摇着头。

"这就对了，你身上的价值已经超过 100 万元了呀！"老人说完，笑吟吟地走了。

不要站在旁边羡慕他人的幸福，其实幸福一直都在你的身边。你以为别人是幸福的，事实上，每个人都有自己的不如意，每个人都有缺陷，只是我们平时看到的都是别人风光的一面、得意的一面。比如，阿里巴巴现在已经风光无限，但马云一刻也不敢松懈下来，每天都不断地去学习、去创新。因为互联网的风云谁也预测不出来，只有武装好自己，才能立于不败之地。

幸福就像是一座山，看见了这头却看不见那头。所以，不要羡慕别人的幸福，把眼睛放在自己的生活上，寻找让你感到幸福的事物，这样才不会迷失在别人的幸福中。

■ 不要辜负身边的每一份真情

在我们的人生旅程中，最难得的不是钱财等身外之物，而是我们每个人都渴盼的真情。不是有这样一句经典的话么："前世五百次的回眸，才换来今生的擦肩而过。前世千百次的回首，才换来今生的相知相守。"

什么是真情？真情就是情感一点一滴的滋润与回报，良心一丝一缕的清白与坦诚，灵魂一寸一分的纯净与善良。真情是我们人生中最难能可贵的东西，房子、车子只要通过努力就终有得到的一天，可真情、真心却不是轻易就可以获得的。所以，我们要懂得真情的真谛，不要轻易辜负身边的每一份真情。否则一旦失去了，即便再后悔也无法挽回。

但是，有时候我们却因为种种原因忽视了身边的真情，不懂得珍惜，错过了曾经为我们付出真心，给过我们无限温暖的人。等到明白过来的时候，一切都已经晚了。这份真情只能成为我们心中的遗憾，而曾经那些所谓幸福的生活便很难实现，甚至还会自吞爱的苦果。

男孩和女孩是校友。一天，男孩向女孩告白说喜欢她。女孩仗着自己年轻漂亮，是学校的才女，根本不把男孩放在眼里。面对男孩热烈如火的爱情告白，她很不屑地说："哼，你这样一位毫不起眼的男生，凭什么追求我？"

男孩听后并没有伤心，非常认真地说："凭爱，爱是公平的。"女孩听了他的这句话怔住了，看了男孩好半天，然后漫不经心地甩下一句："那你就耐心地在后面排队吧！"

元旦时，学校组织舞会。校园的"白马王子"枫深情地向女孩表白："我爱你，我想让你陪伴我一辈子！"

枫出身名门，既聪明又帅气，女孩被折服了，幸福地任她的王子紧紧拥抱，心甘情愿地被他牵走那颗骄傲的心。偶然间，女孩在回眸中看到了那个先前追求自己男孩，他在欢呼的人群中默默地走开了。

枫毕业后去了国外，留下的是女孩无尽的缠绵相思。就在女孩痴痴等着远方的枫时，男孩仍然执着于不离不弃。他问她："现在，我在你的心中排第几名？"女孩被男孩的爱感动了，于是决定嫁给他。

"现在请新人交换戒指！"证婚人拿着话筒中规中矩地主持男孩和女孩的婚礼。就在这时，女孩突然惊慌失措地跑开了。感动并不能代表爱情，女孩觉得自己不能因为感动而步入婚姻，于是选择离开。她在信中写道："给我三年的时间。"

以后的几年中，女孩依旧活在思念枫的记忆里。当她得知枫已经娶妻生子时，才彻底死心。就在这时，女孩原本如枯井般的内心翻出那个曾经苦苦追求自己的男孩的笑脸，于是朝着车站冲去。一路上，她不停地对自己说："我要站在他的面前，大声地告诉他：'我爱你。'"她心想男孩看到自己时一定会很惊讶，一定会笑得无比开心。

男孩开门的时候，女孩看到他的身后站着一个漂亮、清纯的女孩。男孩说："这是我的女朋友，她来为我过生日。"女孩的大脑瞬间变得一片空白，只好淡淡地说："我出差路过这里，来看看你……"

男孩送女孩走时，他说："我已经等了你十年，你始终没有给过我确定的答案,也始终没有记住过我的生日,我不想再等下去了。我现在的女朋友很好,和她在一起我很幸福,也祝你幸福。"

女孩背过身,眼泪忍不住掉了下来。她执着于对枫的感情,把自己困住不能自拔,不懂得珍惜男孩的这份真情,从而让自己错过了这么好的一个男人。

其实,我们身边不乏像故事中女孩的人,他们苦苦追寻那些失去的或是无法得到的人,忽视和辜负了身边真正关心和爱自己的人。直到失去的那一天,他们才真正明白原来自己渴望的真情就在身边。这就是人们所说的:拥有时浑然不觉可贵,失去时方觉难得。

不管是爱情、亲情还是友情,对我们来说,都是异常珍贵的,失去之后都不能轻易挽回。所以,我们应该懂得珍惜和好好把握。不要等到爱情失去了的时候,才恍然大悟,原来最美好的爱情就在身边;不要等到父母离去的时候,才悔恨"子欲养而亲不待";不要等到失去了最要好的朋友,才懂得友情的可贵。

真所谓:千金易得,真心难求。这个道理,世人或许都明白。既然如此,就不要辜负身边的每一份真情。

■ 多留一些温暖给家人

人们都说:"有了家就等于有了温暖,家是我们遮风避雨的港湾。"没错，有了家就等于有了一切——就算遇到再大的风雨，有家人的爱护和关心，我们也不会害怕，从而可以勇敢地接受各种挑战。

家是我们飘泊在外时最想回归的地方，而家人则是我们最牵肠挂肚的对象。有了家人的爱，无论我们的生活有多么困苦，也能体会到幸福的滋味。

然而，生活中有不少人并不懂得珍惜这一份幸福，他们把时间都交给了工作和事业，把微笑和热情都献给了朋友、客户，甚至把关心送给了那些萍水相逢的人，却没有好好地用心呵护自己的家庭和家人。

或许他们有这样那样的理由："我的工作真的太忙了，没时间陪家人！""我必须出去挣钱，否则家庭如何维持？""我的家人永远会包容我，而别人却不能，所以我必须要把好的一面展现给别人"……

然而，你拼命工作不就是为了家人幸福地生活在一起吗？不就是为了孩子健康快乐地成长吗？为了所谓的工作，失去和家人相处的机会，失去见证孩子成长的机会，难道就不可惜吗？我们相信，这并不是家人真正需要的。财富带来的欢愉是短暂的，只有家庭幸福所带来的快乐才是最长久的，最沁人心脾。

所以，即便再忙，也不要忘了多留一些时间给家人，多留一些温暖给家人。这才是我们人生幸福的关键。

在美国的一个小镇上，有这样一个家庭，父亲整日忙于工作，无暇照顾孩子。他每天都在忙生意上的事情，以至于忽略了孩子的存在。

有一天，这位父亲刚回到家又急匆匆地要出门，孩子很不理解，于是问道："爸爸，您一个小时能赚多少钱？"

父亲得意地回答："10美元。"

孩子想了想，用恳求的语气问："爸爸，我想用10美元买您一个小时的时间，让您陪陪我，可以吗？"

父亲听完孩子的话，才发现自己亏欠孩子太多，于是不再急着出门，而是打算好好陪陪孩子。

家不仅仅是一种爱的享受，更是一种付出、一种关怀、一种理解和一种信任，也是爱的积累。这位父亲不懂得家的含义，也不懂得家人在他心中应该占有的位置，结果让自己的孩子来买自己的爱，这无疑是一种讽刺。幸亏，他及时醒悟了，打算好好地陪陪家人和孩子。

著名作家林清玄在阐述"人生之美"的时候说："爱和美，都可以减轻许多人生的沉重。"有爱，生活就会幸福无比；有家，人们的情感就有了寄托和归属。当你工作疲惫的时候，回到家里，看到爱人和孩子，就可以感受到轻松和温暖；当你在外面受了委屈，回到家里，窝在母亲的怀抱，就可以忘记烦恼……

当然，和谐的家庭离不开每个家庭成员的责任，更需要每个家庭成员的情感支持。彼此牵挂对方，鼓励对方，是我们获得幸福生活的最好途径。

家人的重量，就是幸福的重量。所以，用真挚的爱回报亲情，不管在任何时候都要小心地呵护家庭，就一定能够浇灌出幸福之花。

■ 简简单单，何尝不是幸福的滋味

有时候，我们不得不羡慕孩子，他们每天都是那么的快乐，而这却是成年人可望不可即的。有人这样说过："我们如果想要过上神仙般的日子，首先就要学会像孩子一般生活，因为天堂只接收像他们一样的子民。"

有人会问："为什么呢？"

这是因为，孩子始终保持着最初的那份天真和简单，他们什么都不用想，没有那么复杂的思想，也没有那么多无休止的欲望。他们只要能够达成一个小小的愿望，就会露出非常快乐的微笑。

面对孩子纯真的笑脸，一位老师问："你们觉得快乐吗？"

学生异口同声地答道："没错，我们很快乐。"

老师再问道："你们是只有今天快乐，还是每天都很快乐？"

学生回答说："我们每天都很快乐。"

老师接着问道："为什么会如此快乐呢？是什么让你们这么快乐呢？"

其中一个学生举手，站起来回答："我们什么都不用想,我的伙伴和我一起玩,他们可以给我带来快乐;学校让我能够认识更多的小朋友,我很快乐;我喜欢我的老师,老师教会我很多东西,我很快乐。还有好多我喜欢的,他们都能带给我幸福。"

老师觉得很惭愧,原来快乐这么简单。在快乐这个问题上,站在讲台上的应该是孩子。

正是由于孩子怀着一颗简单的童心,用简单的心态去看待生活,不被那么多复杂的凡尘俗事所扰,所以这一切在他们眼中是美好的,他们每天才能那么快乐。

随着年纪的增长,我们开始看重金钱、名利、事业、爱情,想要获得更多的东西,思想开始变得复杂起来,盘算这盘算那。于是,那颗简单的心变得复杂,烦恼自然也多了起来。如此,我们就不能轻易地体会到幸福。

你现在感觉幸福吗?你想找回幸福吗?

很简单,如果我们让自己的生活变得简单些,不被那么多复杂的凡尘俗事所扰,轻轻松松地享受生活,何尝不是一种幸福?

其中,陶渊明就是最具代表性的一例。

陶渊明所在的东晋时代,朝代更迭,社会动荡,人民生活非常困苦。公元405年的秋天,已过不惑之年(41岁)的陶渊明为了养家糊口,在朋友的劝说下,出任离家乡不远的彭泽县令。

这年冬天,县里派督邮来了解情况,这位督邮是一个粗俗、傲慢的人。他一到彭泽县地界，就派人叫县令来拜见他。陶渊明得到消息，虽然心里对这种假借上司名义发号施令的人很是瞧不起，但官大一级压死人，无奈只得马上动身。不料，有人拦住陶渊明说："参见这位官员应当穿戴整齐、恭恭敬敬地去迎接，否则他会在上司面前说你的坏话。"

其实，任官一段时间后，陶渊明早已厌倦复杂的官场，厌恶官员之间的勾心斗角。听别人这样说后，他更是对官场失望至极，于是决定不为五斗米而折腰，马上辞官，从此再也没有做过官。

从官场隐退后的陶渊明，选择了过简单的生活。他在家乡的半山腰上，选择了一个地方盖了一间茅草屋，并在门前种上五棵柳树，自称为"五柳先生"，从此过起自给自足的田园生活。

在田园中，陶渊明每天过着日出而作、日落而息的生活，与山林为友，与鸟兽为伴。这期间，他写下了大量的山水田园诗："暧暧远人村，依依墟里烟""采菊东篱下，悠然见南山"……最终，这些诗歌将他推到了中国最早田园诗人、著名文学家的位置上。

陶渊明正是怀有简单的心态，选择了过简单的生活，最终才体会到幸福，写下了那么多的山水田园诗。试想：如果当初他不选择归隐山林，而是在黑暗的官场上摸爬滚打，尔虞我诈，那么，他还会名留青史吗？

简简单单就是一种幸福，不要祈求太多，祈求太多了，生命就会变得沉重；不要想得太多，想得太多了，思绪就会变得复杂；不要索取太多，索取太多了，所拥有的东西就会成为负累。在生活中，与其怀着复杂的心态，苦苦追寻轻松和快乐，还不如扔掉那些烦琐，怀着简单的心态，享受简单的幸福。

简简单单，我们的内心就会平静，心情就会快乐和愉悦，从而可以发现生活中美妙的色彩。简简单单，我们就会关注生活本身，懂得思考，体会和享受生活的真谛。

于是，我们不再为了功名利禄去追求，不再为了你输我赢而斤斤计较，更不会为了不属于自己的东西而费尽心思。当我们怀着简单的心境，去面对生活中的点点滴滴的时候，这更是一种幸福。

"简单点儿，再简单点儿！奢侈与舒适的生活，实际上妨碍了人类的进步。"这是梭罗的一句感人至深的名言。简简单单就是一种莫大的幸福。

■ 过好当下，每一天都有乐趣

人生在世，有太多可以享受、可以追寻的东西。事实上，那些都不是最重要的，最重要的是我们要珍惜现在，过好当下。如果能尽情地享受此时此刻的美好，那么每一天都有乐趣。

然而，生活中这样的人并不多。他们总是想着不断地奔跑，生活被忙碌和烦恼以及一个个目标占满，神经也像上紧的发条一样。

在奔跑的过程中，他们不懂得休息，更不懂得停下来欣赏身边的美好风景，所以错失了一些最为美好的事，还让自己感到心力交瘁，使生活变得索然无味。

有这样一个故事：一个小伙子，做什么事都强调速度，最不喜欢的就是等待。一次，他和女朋友约会，结果他来早了，左等右等女朋友都没有来。于是，他开始不断地唉声叹气。

一个菩萨路过这里，问道："发生什么事了，我有什么能够帮助你的吗？"

小伙子立即跪倒在地，对菩萨说："大慈大悲的、救苦救难的菩萨，求您帮帮我吧，让我的女朋友快点来吧！"

菩萨见小伙子态度诚恳，便拿出一个法器送给他，说道："只要你按下按钮，你就可以跳过所有等待的时间，让事情按着你的意愿进行。"

小伙子非常高兴地接过菩萨的法器，迫不及待地按了一下。果然，他的女朋友立刻出现在了他的面前。然后，他又想马上结婚，于是又按了一下，他们马上踏上了红地毯。婚后不久，他又想立即要孩子。总之，每有一个想法，他就按一下法器。

就这样，他跳过了所有等待的时间，拥有了家庭、事业、子女。同时，由于时间加速了，他很快到了风烛残年、行将就木的年龄。这时候，他才意识到恋爱的甜蜜、婚后的幸福等所有本该享受的人生乐趣，都被跳过了。

人生就是这样。如果我们总是想加速前行，无法让自己停下来，那么我们的生活就只剩下了匆忙。这样的人生是不完整的，也是可悲的，因为生活已经失去了它原本的价值。正如约翰·列侬所说："当我们为生活疲于奔命的时候，生活已经离我们而去。"

要知道，人生不是为了追求名利、荣誉，而是为了得到自我肯定与生活的乐趣。不要急着赶路，也不要把自己搞得疲惫不堪。这样，失去的东西远远比获得的东西要多得多。人生中最美好的时光，就是当下。而最幸福的生活，就是过好当下，享受生活中的每一天。如此，我们的人生才会有意义，我们的生活也才会更幸福。

有一个外国商人辛辛苦苦地奋斗了大半辈子，终于攒了一大笔钱。于是，他坐船到西班牙海边的一个渔村度假。在码头上，他看见一个渔夫划着一艘小船靠了岸，船上有好几条大鱼。

外国商人对渔夫能捕到这么多的鱼表示赞叹，便问："您每天要花多少时间才能捕到这么多鱼？"

渔夫回答："一会儿工夫就捕到了，我不用费多大力气。"

商人说："为什么你不再多捕一会儿，这样你就可以捕到更多的鱼了。"

渔夫不以为然，他说："这些鱼已经够我一家人一天的生活了，为什么要捕那么多呢？"

商人又问："你只花一小会儿的时间就捕了这些鱼，那么剩下的时间你怎么打发呢？"

渔夫说："我每天的事很多啊！我睡到自然醒，然后出海捕几条鱼，回去和孩子们玩一玩，接着再睡个午觉。黄昏的时候，到村子里找几个朋友喝点酒，弹会儿吉他，日子很充实。"

商人听后摇了摇头，帮他出主意："我给你出一个可以挣大钱的主意，你应该多花一些时间去捕鱼，然后攒钱买条大点的船。到时候，你就可以捕更多的鱼，再买渔船，这样就可以拥有一个船队。你还可以直接把鱼卖给工厂，这样可以挣更多的钱，然后再开一家罐头厂，之后离开渔村，到城里去做有钱人。"

渔夫问："要达到这些目标，我需要花多少年的时间呢？"

商人想了一下说："15 到 20 年。"

"然后呢？"

商人有些诧异地说道："然后？然后你就会更加有钱，可以挣好几个亿呢！"

"再然后呢？"

"你就可以退休了，搬到海边的小渔村去住，享受清新的空气，每天睡到自然醒，然后出海捕几条鱼，回去和孩子们玩一玩，再睡个午觉。黄昏的时候，到村子里找几个朋友喝点酒，弹会儿吉他。我的前半生都在奋斗，所以你看我现在不是来海边度假了吗？"

渔夫听完，非常不解，他说："难道我现在的生活不就是这个样子吗？我为什么还要花那么多的时间去折腾自己呢？还有，来海边度假是多么简单的一件事。你十年前就能做到，为何要辛苦奋斗大半辈子呢？"

商人沉默了。

对商人来说，用大半辈子时间挣来的只是渔夫每天都在做的事，这无疑是一种悲哀。因为，他一心想要奋斗和获取财富，却忽视了享受生活。

我们并不是让别人不再努力，不再为了事业和理想而奋斗，而是让人们明白：在奋斗的过程中，不要太急着赶路，也不要忽视享受生活的乐趣，否则生活就只剩下疲于奔命，没有丝毫乐趣可言。

人生只有一次，时间过去之后就不再复返。我们应该懂得珍惜宝贵的生命，过好当下，提高生命的质量。如此，我们的人生才会更加丰富多彩，人生旅行才会充满乐趣和幸福，才能不虚此行。

Chapter 5
转个身，就有快乐
——没有谁能剥夺你的快乐，除非你不愿快乐

■ 你的快乐，不在别人手里

虽然上天没有赐给我们一个完美的人生，但当我们生下来的那一刻，上天便赐给我们追求快乐的权利，而且这个权利是任何人都无法剥夺的。我们的快乐由自己决定，从来都不掌握在别人的手里。

有一位老人，每天总是那么高兴，脸上总是洋溢着幸福的笑容。周围的人看老人每天都这么快乐，便想从他那里学学幸福之道，于是问他："您为什么每天都能那么快乐，而我们却总是做不到呢？您有什么快乐的秘籍，能不能告诉我们……"

老人听后，笑了笑说："快乐并不是别人给的，根本不需要什么秘籍。如果你们非要问我为什么每天都那么快乐的话，原因只有一个，那就是每天早晨我睁开眼睛的时候，就会给自己两个选择：一个选择是快乐地度过这一天，另一个选择是不快乐地度过这一天。要是你们，你们会选哪一个？"

大家异口同声地说："当然选择快乐地度过这一天！"

老人说："就是，我也选择快乐地度过每一天。既然我们选择了快乐，何必让那些生活中的凡尘俗事来打扰自己快乐的心情呢？在这个世界上，没有人能够给我们真正的快乐，也没有任何人或者任何事能够阻碍我们寻找快乐。只要我们想快乐，就一定能够快乐起来。试一试吧！"

是的，生活就像老人说的一样，快乐是可以选择的，不快乐也是可以选择的。只要我们愿意选择快乐，那么世间的任何人和事都影响不了我们，没人能够剥夺我们追求快乐的权利。

在生活中，我们会遇到很多不容易处理的事情。比如，在学校里，你和同学的成绩不分伯仲，可对方得了"三好学生"奖状和奖学金，而你连提名的机会都没有；在单位里，同事都得到了晋升，而努力工作的你却被排挤，甚至还因为做错一件小事被降职；在家里，老婆总是在你面前唠唠叨叨地说一些琐事……

但是，这些不能成为我们不快乐的理由，也无法剥夺我们享受快乐的权利，因为快乐与否完全掌握在自己的手里。只要你愿意让自己快乐起来，那些不顺心的事只是生活的一个小插曲，丝毫影响不到我们的好心情。

然而，在现实生活中，很多人并不懂得这样的道理。他们认为自己之所以感受不到快乐，是因为别人使他们不快乐，是受到别人的影响。可他们不知道，之所以产生这样的结果，是因为自己把主动快乐的钥匙交给了别人，让别人来主宰自己的心灵和生活。

有这样一个农夫，他整天不停地抱怨，不是认为自己什么都不好，就是抱怨上天为什么对自己这么不公平。就这样，时间在他的抱怨中悄然流逝，而他的生活并没有因为抱怨而有所好转。

一天，农夫弓着腰在自家院子的花园里清除杂草。天气很热，汗水不停地从他的身上流下来。他一边除草，一边抱怨："可恶的青草，要是没有你们的破坏，我的院子一定很漂亮，而我也不用这么辛苦地劳作了。"

小草说："你总是说我们可恶，可你有没有想过，我们也是很有用的。我们将自己的根伸进泥土，为泥土锁住水分。下雨的时候，是我们防止了泥土流失；干涸的时候，是我们阻止泥土沙化。我们是你看家护院的卫兵。如果没有我们，院子里的泥土早就被雨水冲走、被风儿吹走了，你又如何能够欣赏到鲜花呢？

"你之所以不幸福，那是因为你的选择——选择了抱怨，放弃了幸福的权利，而不是我们剥夺了你的幸福。虽然我们的生命那么脆弱，但每天都快乐地生活着，为大自然装饰绿色，而你却放弃了幸福的权利，让幸福从你身边溜走，真的是可悲、可怜！"

听完小草的话，农夫觉得惭愧极了。

故事中的农夫认为是小草破坏了自己漂亮的院子，剥夺了自己快乐的权利，从而在抱怨中度过每一天。可是，他不明白，快乐从来不在别人手中，也没有任何人能够剥夺他快乐的权利。除非他把快乐的钥匙交到别人手里，放弃追求快乐的权利。

快乐是一种心理感受，是一个人发自内心的真实感受。没有人能够决定你是快乐还是不快乐，只有你自己可以。所以，不要受到外界因素的影响，做自己的主人，让自己的内心快乐起来。如此，我们就是自己的真正主人，幸福和快乐亦会随时围绕在我们身边！

■ 在不变的环境里，努力改变自己

面对生活中那些不如意的事，人们有太多的无奈，因为在现实中，有些事是我们拼得头破血流也无法改变的。这时候，我们不能懊恼或是自暴自弃，也不要怨天尤人，因为那样根本无法解决问题。

既然生活还要继续，当我们无法改变环境的时候，就必须主动改变自己。改变自己的心态,自信心就会增加许多——虽然那些不如意的事并不会变得简单许多,但只要你肯努力,终有一天问题会得到解决;改变自己的心态,我们的内心就会平静许多——即便那些不如意的事还不能解决,但只要你看淡些,内心就不会备受煎熬。

当我们无法改变环境的时候,我们必须改变自己的思维和做事方式——换一个角度思考问题,换一种方式解决问题。或许,问题就会迎刃而解。

在很久以前,非洲有一个国家,那儿的人们都不穿鞋,他们赤着脚走路。

有一位国王到某个偏僻的乡间旅行,因为路面崎岖,还有很多碎石头,刺得他的脚又痛又麻。国王回到王宫后,随即下了一道命令,要将国内的所有道路铺上一层牛皮。他认为这是一件利国利民的好事,不只是为了自己,还可造福子民。踩在牛皮上,人们走路时就不用再受刺痛之苦了。

虽然这个国家资源充沛,但就算杀光全国的牛也筹不到足够的皮革,而所花费的金钱、动用的人力,更是不计其数。人们尽管知道这事不但难以做到,而且相当愚蠢,可谁也不敢违抗国君的命令,只能摇头叹息。

后来,有一位聪明的大臣向国君大胆地提出谏言:"国君啊!你为什么要劳师动众,牺牲那么多头牛,花费那么多金钱呢?您何不用两片牛皮包住您的脚?"

国君听了非常高兴,当下收回命令,采纳了大臣的建议。于是,"皮鞋"便诞生了。

很多时候,改变环境实在是太难了,但主动改变自己则容易得多。所以,人们常说:"与其改变环境,不如改变自己。"当你改变了自己,你眼中的环境自然也跟着改变,你的心态也会发生变化,看问题的角度也会发生变化。

在英国威斯敏斯特教堂的地下室,有块墓碑上写着这样的一段话:

"当我还是个青少年的时候,我的梦想是改变整个世界。

"当我渐渐成熟了以后,我发现世界是不可能改变的。于是,我把自己的眼光放得低一点,我要改变我的国家!但这似乎也很难实现。

"当我到了迟暮之年,抱着最后一丝希望,我只希望能改变我的家庭,但很遗憾,他们根本不接受改变。

"在我临终之际,我才突然意识到:如果当初我只改变自己,接着就可以改变家人。然后,在他们的激发和鼓励下,我也许就可以改变我的国家。谁知道呢,或许我连整个世界都可以改变。"

外界环境不会因为某个人的想法以及行动而改变,所以我们没必要费尽心思,将时间浪费在这上面。努力改变自己,也是一种智慧。

在不变的环境中,努力改变自己,并不是懦弱的表现,更不是退缩的行为。改变自己,是为了学会适应环境,并且在这个过程中激发自己的潜力;改变自己,是为了获得全新的自己,只有这样才能战胜更多的困难,实现最好的自我。

张涛大学毕业了,那时国家还负责分配,他被分配到一个偏远的山区当教师。那里的环境特别恶劣,工资也少得可怜。其实,张涛在校时成绩不错,擅长写作,还是校报的编辑。现在被分到这样一个地方,他觉得自己这辈子完了,所以对生活没有了任何激情,连对一向爱好的写作也没了兴趣。

张涛整天都琢磨着"跳槽",幻想有机会能调到一个好的工作环境,拿到一份优厚的报酬。两年过去了,他的工作没有任何起色,写作也荒废了。他更加确定这辈子只能待在这个贫穷的地方了,从此变得郁郁寡欢。

有一天,学校开运动会,小小的操场被围得水泄不通。他来晚了,只能站在后面,踮起脚也看不到里面热闹的情景。这时,一个身材矮小的男孩子吸引了他的视线。

只见那个男孩子一趟趟地从远处搬来砖头,在那厚厚的人墙后面耐心地垒着一个台子。一层又一层,足足垒了半米多高,他才登上台子,还冲张涛粲然一笑,好像在说:我能看见运动会了。

刹那间,张涛的心被震了一下。他突然意识到,虽然自己改变不了操场上的环境,但完全可以改变自己的心情——像小男孩一样垒一个台子,改变自己所处的高度,去欣赏运动会。

从此以后,张涛满怀激情地投入工作。很快,他便成为远近闻名的教学能手,他写的文章接连发表在全国各地的杂志上,各种令人羡慕的荣誉也纷纷而至。两年后,他被调到县里的一所高中任职。

如果不能改变环境,那就改变自己吧。就像你不能阻止天空下雨,那就带上一把伞出门,或者发现前面的路不能通行,那就绕道走,这有什么关系呢?

■ 逃避之后,往往后悔莫及

如果你问别人,人世间最遗憾、最悲哀的事是什么?别人也许会回答,是在关键时刻选择逃避。是的,因为我们不敢面对现实,或是内心恐惧,所以才选择了逃避。

然而,对于人生中的难题,逃避并不能解决它,还不如积极主动地去面对,或许问题还有解决的可能。甚至,有时候当我们选择面对的时候,就会发现难题并没有想象中的那么难。可你一旦选择了逃避,问题不仅无法解决,你还可能会后悔莫及。因为逃避只能躲得过一时,最后还得面对,或许情况会更加糟糕。

但这并不是我们的初衷。所以,如果不想让自己后悔,我们就不能选择逃避,而应主动地迎接挑战,鼓起勇气去努力和奋斗,从而改变自己的生活。即便努力的结果并不好，那也比一味地逃避要好。最起码，在这个过程中，我们收获了信心和成长。

从前，有一位皇帝找到当时最负盛名的智者，要求他找出一句能让人胜不骄、败不馁，得意而不忘形、失意而不伤神，始终保持一颗平常心并浓缩了人生智慧的话，并且这句最有哲理的箴言必须有一语惊人的效果。

智者答应了皇帝的要求，然后他把这句话刻在皇帝佩戴的宝石戒指里，说："一切智慧都刻在戒指里，不到万不得已的时候，不要取出戒指上镶嵌的宝石，否则，它就不灵验了。"

皇帝按照智者的要求去做了。他将戒指一直戴在手上，从来没有动过那块宝石。

几年后，邻国大军大举入侵，皇帝虽率部拼死抵抗，但终因寡不敌众，打了败仗。皇帝只好东奔西走，过着颠沛流离的生活。

一天，皇帝在河边喝水的时候，猛然看到自己的倒影，不禁伤心欲绝，从没有想过自己会沦落到这步田地。他有些心灰意冷，突然想到智者曾经跟他说过的话，或许戒指里就有锦囊妙计，于是他取下戒指，只见宝石内侧镌刻着"一切都会过去的"几个字。

顿时，皇帝的心头重新燃起希望的火花。从此，他忍辱负重，重招旧部，东山再起，最终赶走外敌，收复了失地。他返回王宫所做的第一件事，便是将"一切都会过去的"这句箴言镌刻在象征王位的宝座上。

艰难和挫折虽然可能让我们的生活变得困难重重，让我们的内心感到痛苦不已，但勇敢地面对它们才是最好的选择。当你勇敢面对它们的时候，这便是镌刻在你人生中的印记。如果你因为无法承受而选择逃避，那么你就会被它们彻底打倒，永远没有站起来的机会。

是的，一切都会过去，无论是甜蜜还是悲伤，艰难还是顺利，它们都会成为历史，湮没在尘埃中。既然如此，我们为什么不坦然地面对它们，而选择逃避呢？

逃避之后，往往就会后悔莫及，堕入深渊。人生总是充满坎坷、浮沉，不管怎样，我们都应该主动、坚强地面对生活中的困苦和烦恼。只有勇敢地迎接挑战，让自己变得更加强大、自信，才不会在余生中后悔。

■ 有微笑，就足以把困苦埋葬

世界上有一种很美的语言，不需要夸夸其谈去渲染，更不需要画蛇添足去粉饰，它不仅可以传递给别人最奇妙、最具杀伤力的阳光般的温暖，还可以给生命带来春天的温馨气息，埋葬一切的困苦。

这就是微笑！可以说，微笑就是积极心态的代表，就是快乐幸福的象征。在面对困苦的时候，学会微笑，那么即便困难再大，也会迎刃而解。在失败的时候，学会微笑，就可以重新获得站起来的信心。微笑可以给人一种神奇的力量，帮助你打开幸福之门。微笑也可以缩短人与人之间的距离，让整个世界变得灿烂起来。

生活中，我们难免会遇到这样那样的困苦。正是因为如此，我们才应该让微笑挂满自己的脸庞，努力地用微笑把困苦埋葬。如此一来，生活才不会显得更加苦涩，人生才不会显得那么艰难。

人生就是如此。你微笑的时候，生活就会对你微笑，呈现出好的一面；你哭泣的时候，生活也会对你哭泣，呈现出不好的一面。所以，换个心态，发自内心地微笑，你的生活就会变得越来越美好。

一天，上帝闲来无事，便用河边的泥巴捏了一个会微笑的小泥人。但是，小泥人总觉得自己那张被捏成的笑脸一点也不真实，非常希望自己能够拥有发自内心的微笑，于是就请求上帝赐给他一颗金子般的心。

上帝看小泥人非常虔诚，就答应了他的请求。不过，上帝提出了一个条件：小泥人必须过河。

"泥人怎么能过河呢？你不要做梦了。""走不到河心，你就会被淹死的！""你是泥做的，碰水会化掉的。"

河边的青蛙、树上的小鸟都在劝小泥人。

但是，小泥人知道要想拥有上帝赐予的心，要想能够发自内心的微笑，就必须遵守上帝的旨意，接受上帝的考验。小泥人的脚踏进了水里，他感到自己的脚被河水迅速地融化了，一股撕心裂肺的痛楚袭击着他。

小泥人知道，如果倒退上岸，自己就是一个残缺的泥人，而在水中迟疑，只能加快自己的毁灭。如果勇敢地走下去，即使自己消散于河水之中，那也无所谓，因为这样对得起自己！

想到这里，小泥人扬起嘴角，义无反顾地面带微笑向前走。河水被他的这种微笑感动了，不觉放慢了流速。小泥人以泥人之躯过河，最终凭借顽强的意志、乐观的心态，到达了河的对岸。

刚一上岸，被河水软化的小泥人就倒下了。他以为自己就此死掉了，但当他醒过来的时候，发现自己安然无恙，里面还有一颗跳动的心。这下他笑了，是发自内心的笑。他从此过上了幸福的生活。

面对困难的时候，小泥人能够以积极乐观的心态走下去，最终通过佛祖的考验，得到属于自己的心，如愿以偿地发出内心的微笑。正是因为带着笑容上路，小泥人才最终过上了幸福的生活。

伊丽莎白·康黎在其作品《用微笑把痛苦埋葬》一书中，曾经说过这样一段话："人，不能陷在痛苦的泥潭里不能自拔。遇到可能改变的现实，我们要向最好处努力；遇到不可能改变的现实，不管让人多么痛苦不堪，我们都要勇敢地面对，用微笑把痛苦埋葬。有时候，生比死需要更大的勇气与魄力。"

所以，不管什么时候，都不要忘记微笑。尤其是在面对苦难的时候，我们更要发自内心地微笑，坦然地接受一切不幸和痛苦。如此，我们才有信心和心情来迎接挑战，鼓起勇气去战胜困难，我们的生活才能向着好的一面发展。

用微笑把困苦埋葬吧！如此，你的生活才会充满希望和阳光。

■ 对着生活唱首"欢乐颂"

幸福，源于我们对生活的热爱。热爱生活，能够让我们忘却平常的各种烦恼，修复我们受伤的心情，然后以饱满的热情和积极的心态去努力、去奋斗。

尽管生活总是充满无奈，可正是因为如此，我们才不能愁眉苦脸地过日子。如此一来，人生除了困窘和忧愁，还能剩下什么？我们应该热爱自己的生活。当你对生活充满热爱的时候，琐碎的日常也会变成诗，苦难和挫折也会变成人生的变奏曲。

所以，不要总是愁眉苦脸地面对生活，也不要浑浑噩噩地过日子，要对着生活大声歌唱一首"欢乐颂"，对生活充满热爱，那么，生活就会成为幸福的源泉。

有一位诗人，心里充满对生活的困窘和无奈。身心俱疲的他，于是想到旅行，希望可以借旅行来散心。

谁知，旅行并没有给他带来快乐。直到有一天，他听到路边传来一阵悠扬的歌声。

歌声非常美妙，跳动着快乐的音符，诗人不禁驻足聆听。没过多久，诗人的心情就像秋日的晴空一样明朗，又如夏日的泉水一般甘甜。他被快乐紧紧地包裹起来，内心重新鼓起生活的勇气。

突然，歌声停了下来，一个面带笑容的男人走了过来。诗人从来没有见过笑得如此灿烂的人，心想：这个人肯定没有任何苦恼，只有从来没有经历过任何艰难困苦的人，才会笑得这样灿烂、纯洁。

于是，诗人走上前去问候："你好，先生，从你的笑容中可以看出，你是一个天生的乐观派。你的生命肯定一尘不染，肯定没有尝过风霜的侵袭，没有受过失败的打击，幸运的天使肯定会常驻你的家门……你就像不食人间烟火的神仙，烦恼和忧愁肯定没有敲过你的家门。"

男人摇摇头说："您可猜错了，就在今天早晨，我丢了唯一的一匹马。"

诗人非常不解，疑惑地问："最心爱的马都丢了，你还能唱得出来？"

那个男人说："我当然要唱了。我已经失去了一匹好马，如果再失去一份好心情，那损失不是更大吗？正是因为有了歌声的相伴，我的生活才充满阳光，我才更加热爱生活。每当歌唱的时候，我就会感觉每一个早晨都充满希望，而幸福就在前方等待着我的到来。"

在生活中，我们也应该像故事中唱歌的那个男人一样积极乐观。也许，生活让我们失去了很多，但无论遇到多大的不幸，我们也不能失去好心情，因为没有什么能够让我们不快乐，除非我们自己不想快乐。

生活就像是一首歌，当你唱着欢歌的时候，那么生活亦是幸福的；当你唱着悲歌的时候，生活亦是悲哀的。既然如此，为什么我们不对着生活选择唱欢乐的歌，而非要让自己变得不快乐？

快乐与不快乐，只在一念之间，关键在于我们做出怎样的选择，用什么样的心态来面对。无论遇到多么不开心的事，只要我们保持住对生活的热爱，为生活唱一首欢快的歌，即使我们身处困境，也会很快走出阴霾。而幸福的天使，很快就会降临到我们头上。

出生时由于医生的疏失，黄美廉脑部神经受到严重的伤害，自幼便患上脑性麻痹症，以致颜面、四肢肌肉都不正常。她不但不能说话，而且嘴还向一边扭曲，口水止不住地往外流。尽管如此，黄美廉还是快乐地用手当画笔，不仅画来了加州大学艺术博士学位，还画出了自己灿烂的生命。

黄美廉拥有的成就，就是正常人也很难达到，何况她还是一位重度脑性麻痹患者。那么，她为什么始终都是那么快乐呢？到底有什么秘诀？

一次演讲会上，有个学生直言不讳地问她："请问黄博士,您为什么这么快乐、幸福呢?您从小身患残疾,您是怎么看待自己的,有没有过别样的想法?"

对一位残疾女士来说,这个问题是那样的尖锐和苛刻。不过黄美廉并没有在意,只是朝着这位学生笑了笑,转身用粉笔重重在黑板上写下一句话:"我怎么看自己?"

写完后,黄美廉回头冲在场的学生笑了一下,接着又在黑板上龙飞凤舞地写下这个问题的答案:

一、上帝很疼爱我!

二、我很可爱!

三、我会画画、会写文章!

四、我的腿很美很长!

五、爸爸妈妈好爱我!

……

黄美廉一下子写出几十条让她热爱生活的理由,条条都是那样的理直气壮。这时,笑容从她的嘴角荡漾开来,一种淡然、傲然的神情溢满了她的脸。

然后,台下传来如雷般的掌声……

黄美廉对生活充满热爱,尽管她身体有缺陷,却依然过着幸福的生活。这是因为,幸福并不是看我们拥有多少,也不是看我们是否比任何人都优秀,它是一种发自内心的感觉,源自对生活的热爱。

因此,无论我们的生活有多么累,也无论我们遇到了多么不开心的事情,都必须保持对生活的热爱,对着生活唱"欢乐颂"。这样，即使我们身处困境，阳光也会照进我们的心房，让我们迅速地走出阴霾，到达幸福的彼岸。

■ 治一治心里的雾霾

一个人心态消极，他看到的是满眼的绝望，就算有灿烂的阳光也会觉得悲哀；而心态乐观，即使寒风凛冽，他的心中依然会温暖如春。

事实上，这些消极的思想就是我们心里的雾霾。它让我们看不到事情的真实面目，只能看到消极和不好的一面，从而陷入自怨自艾、自我抱怨的怪圈。

如果我们不能清除掉心中的雾霾，阳光永远也无法照进来。那么，如何才能清除心中的雾霾呢？其实很简单，换一个角度来思考，换一种心境来面对生活，这样就可以了。柠檬苦涩酸楚，那就把柠檬做成可口的柠檬水，这不就解决了吗？

卢克斯是德国西部的一个农民，无论遇到什么事情，他都能积极乐观地对待，每一天都过得非常快乐。他曾经把有毒的"柠檬"做成"柠檬水"，因此获得一番成就，收获了幸福人生。

那时候，卢克斯看上了一片售价很低的农场，但当他真正买下那片农场后，他才发现自己上当了。那块地既不能种植庄稼和水果，也不能养殖——能够在那片土地上生长的只有响尾蛇。

面对这样的情况,很多人替卢克斯惋惜,可他并没有气急败坏。他知道愁眉苦脸解决不了任何问题,还不如想想怎样把那些"坏东西"变成一种资产。很快,他发现了一条好的出路,但所有人都认为他的想法不可思议,是因为他要把响尾蛇做成罐头。

之后,装着响尾蛇肉的罐头,被送到全世界的顾客手里。之后,他又将从响尾蛇体内取出来的蛇毒送到各大药厂做血清,而响尾蛇皮则以很高的价钱卖出去做鞋和皮包。总之,响尾蛇身上的所有东西,在他的手上一下子成了不可多得的宝贝。

卢克斯的生意越做越大,这让很多人刮目相看,也成为当地人学习的楷模。现在,每年去卢克斯响尾蛇农场参观的游客差不多有上万人,这个村子已经改名为响尾蛇村,成为著名的旅游景区。

买下一块不能够种植也不能够养殖的农场,对任何一个人来说,都是一件糟糕的事情。但是,卢克斯并没有绝望,他选择了积极乐观地面对,最终想出如何从这种不幸中脱离出来的办法,逐渐走出不幸,迈向幸福。

这是奇迹吗?是奇迹,但也是必然。幸与不幸,其实不在于你遇到了什么事,而在于你让自己的内心充满的是雾霾还是阳光。如果你的内心充满了雾霾,那么即便遇到的是小问题,也看不到希望;如果你清除了内心的雾霾,让阳光照进来，即便遇到再大的困难，也都不是事。

一个成功的拳击运动员说过这样一句话："比赛的时候，当你的左眼被打伤时，右眼还得睁得大大的，因为只有这样才能够看清敌人，也才能够有机会还手。如果右眼同时闭上，那么不但右眼也要挨拳，恐怕命都难保！"

的确如此，人生总会有不顺心的时候，很多人会面临各种各样的困境。但这时候，我们要做的不是哀叹、抱怨、自责，而是及时地治理心中的雾霾，积极乐观地为自己加油鼓气，重新唤起对生活的美好向往。这样，我们就能在阴影里找出亮色，不让人生失色。

联合保险公司董事长克里·蒙史东曾经说过："真正的成功秘诀是不要失去希望，如果你能始终坚定心中的希望，以坚定而乐观的态度去面对一切困难险阻，那么你一定能从其中得到好处。"

克里·蒙史东自幼丧父，他早早地就能体恤母亲持家的辛苦，从小便外出打零工来补贴家用。有一次，他走进一家餐馆，正准备向客人叫卖报纸时，不料被餐馆的老板赶了出去，还被狠狠地踹了一脚。但他没有唉声叹气，也没有叫屈叫冤，他相信自己会是一个很好的销售员。于是，他轻轻地揉了揉屁股，安慰自己说："我是最棒的，反正做了又没什么损失！"

他再次拿起手中的报纸，走进餐馆向在场的客人叫卖。客人们看蒙史东态度诚恳，勇气十足，便纷纷劝请老板给他行个方便。于是,蒙史东虽然被踢了,但口袋里却装满了钱。

上中学的时候,克里·蒙史东开始投入保险行业。刚开始时,他遇到的困难和自己当年卖报的情况一样,不过他依然安慰自己:"我是最棒的,要相信自己,反正做了又没什么损失!"于是,他鼓起勇气,一次次地走进城市里的一间间办公室。

终于,克里·蒙史东卖出了一份又一份的保险。在22岁那年,他成立了自己的保险经纪公司。开业的第一天,他就在繁华的大街上卖出了公司的第一份保险。接下来,他创下了每四分钟成交一份保险合同的奇迹。

克里·蒙史东之所以不会败下阵来,并且能够在跌倒后再站起来,是因为他没有任凭消极情绪占据自己的内心,而是及时地调整心态,积极乐观地肯定自己,重新唤起了对生活的美好向往。

所以,治一治心里的雾霾,在阴影中积极地寻找亮色,我们才有机会沐浴在明媚的阳光里,感受到生活的甜美和丰盈。

■ 心若无私,快乐当至

有这样一个故事:

一群乌鸦居住在一片小树林里,它们每天都出去觅食。

一天，一只乌鸦得到了一块很大的肉。它躲在一个不容易被人发现的地方，琢磨着该如何享用这顿美食。不过很遗憾，其他乌鸦很快就发现了它。那只乌鸦只好衔着肉飞走，那群乌鸦在后面紧紧跟随着它。最后，一群乌鸦落在了树上，一声不响，虎视眈眈地盯着它。

嘴里一直叼着肉的乌鸦非常累，费劲地喘息着。过了一会儿，它实在受不了了，觉得嘴里叼着东西呼吸有点儿困难。也许是因为被追赶得筋疲力尽，或者实在是太想好好地呼吸一下，它的嘴巴稍微张开了一点，那块肉就从它的嘴里掉了下去。

看到肉掉了下来，一群乌鸦都飞了上来，开始了一场新的你争我夺的厮杀。

在混乱的战斗中，一只最强壮的乌鸦抢到了那块肉，它连忙展翅飞去。接着，很多乌鸦追了上去，它不停地飞，最终又不得不把肉抛弃。

于是，又是一场混乱的厮杀，场面和刚才如此相似。得到肉的乌鸦，处境总是那么可怕，而导致它被围攻的原因，只是一块肉而已。

嘴里叼着肉的乌鸦，之所以受到其他乌鸦的围攻，只是因为它得到了食物。乌鸦起初并没有意识到自己受到攻击的原因，等它醒悟过来的时候，已经累得筋疲力尽了。无奈之下，它放弃了那块儿到嘴的肉，然而得到肉的第二只乌鸦又重复了第一只乌鸦的命运……

世人总想着"得到"，殊不知，有时得到就是失去。与其因为得到而伤痕累累，不如在当初就放下私心，与大家一起分享，那样反而可以得到更多的幸福。

人之所以活得不快乐，就是不能放下私心，总是渴望拥有的越来越多，一旦满足不了，就会生活在一种悲观失望的情绪中。

人都是有私心的，只想自己得到，不舍得跟别人分享，这是不可避免的。可是，私心可以给人们带来金钱、财富等，却并不一定能给人带来快乐和幸福，反而还会带来争执、仇恨，但无私却可以给我们带来更多的快乐。

帮助别人的人是快乐的，因为这不仅能让别人感受到快乐和幸福，自己还会慢慢地被感染，感受到一种纯粹的快乐；喜欢与人分享的人是快乐的，因为你把自己的东西分享给别人，虽然失去了东西，但收获了友情、感谢。尤其是与人分享快乐，更是一件令人幸福的事情。我们把快乐分享给别人的时候，自己也会处于快乐之中。如此，你得到的就是双份的快乐。

这些人之所以快乐，是因为他们内心无私，充满了爱。因此，要想活得快乐，就要学会无私，无私地帮助别人，无私地献出自己的爱。

心若无私了，快乐就会来到你的身边。

黛比今年已经50多岁了，可最近身心备受打击，倒霉的事情接踵而至——丈夫刚去世不久，儿子又坠机身亡。

一连串的打击，让她的心都碎了。她觉得自己什么都没有了，每天郁郁寡欢，躲在家里不肯出来。久而久之，她得了抑郁症，甚至想自杀去陪伴自己的丈夫和儿子。

就在黛比快要奄奄一息的时候，邻居发现了她，并将她及时送到医院。

主治医生将黛比抢救了过来，并对她说："虽然你失去了丈夫和儿子，但你其实很富有，不如学着跟别人分享自己的东西。你连死都不怕，还怕失去什么？就当为在天堂的丈夫和儿子积德了。"

"可是，我什么都没有。"黛比心想，"我没有亲人，没有金钱，没有健康，没有快乐，能拿什么给别人呢？"不过，她还是听从了医生的话，冥思苦想，像自己这样一大把年纪的女人，还能干什么？

终于，黛比想到了一个好主意。她喜欢养花，可自从丈夫和儿子去世后，她没心思种花了，花园早已荒废了。于是，她重新开始种花。在她的精心照料下，她的花园很快就成了花的海洋，只要走过的人，都会为这片美景陶醉。

黛比的心情好了许多，但她觉得还不够，于是她把这些花送给附近医院里的病人，帮他们把花插在床头的花瓶里，让花香充满了整个病房。病人看到黛比送的鲜花都非常高兴，身体康复得也更快了。

后来，这些病人康复出院后，纷纷给黛比写信和邮寄卡片。这些充满爱意的感谢信和卡片，让黛比的心暖暖的，她不再感到那么孤独和寂寞了。久而久之，她的忧郁症竟不治而愈，重新获得了人生的喜悦。

黛比曾经是痛苦的，因为她遭受了一次次打击。可是，后来她获得了快乐，懂得了爱和无私。无私的心让她学着爱别人，尝试着帮助那些需要帮助的人，所以她在给别人带来欢乐的同时，也治好了自己的抑郁症，重新获得了幸福。

生活就是这样，需要我们把私心放下，献出无私的爱和真情。正所谓"心底无私天地宽"，当你的心境无私之后，你给予别人的同时，也会收获很多。

● Chapter 6
○ **别让每一分钟死有余辜**
● ——一辈子不长,好好珍惜,切莫辜负

■ 明天的样子,全在于今天的描画

生活中,常常有人把希望寄托在明天:明天我要努力工作,明天我要做出一番大事业……可是,今天还没有过去就期待明天,把希望寄托在明天,是不是本末倒置了?

事实上,明天永远是未知、虚幻的,明天会怎样谁也不知道,一切都只是未知数,明天的美好只是可望而不可即的事情。如果我们不好好地把握今天,做出自己的努力,那么,我们对明天的期待永远也无法成为现实。

虽然说明天是未知的,但明天的样子可以依据你今天的努力进行推断。如果你今天努力奋斗,做好每一件事,那么明天注定是美好的；可如果你空等明天，抱着不切实际的幻想却不做任何努力，那么明天只能是一塌糊涂。

明天的样子，完全在于你的描画。所以，我们应该好好地把握今天，不要为了等待明天的到来而荒废了今天的大好时光。正如岳飞的那句名言："莫等闲，白了少年头，空悲切。"

我们不妨来看一个小故事：

在一片非常大的原始森林里，居住着各种动物。这些动物中，有一只小猴子。有一天，它突然发现下雨的时候，别的小动物都有地方避雨，只有自己找不到避雨的地方。于是，它心里便盘算着要盖一座小房子。有了这个想法之后，它马上通知森林里的动物，邀请好朋友明天来自己的小房子做客。

第二天，大家来了，它们都想看看小猴子的房子是什么样子的。可是，它们只看到了小猴子，连房子的影子都没有看到，于是就纷纷抱怨起来。

小猴子连忙说："等明天，等明天大家再来。"就这样，大家每天都来，可小猴子天天都重复着这句话。一个月过去了，它依然没有动手的迹象。

一天，大森林里下起了暴雨，小动物们都躲进了自己的房子里避雨。只有小猴子没有地方可避，结果被浇成了落汤鸡。

在被雨淋的时候，小猴子还一直不停地念叨："等明天盖……"

这个故事告诉我们这样一个道理：一个寄希望于未来的人，只是一名空想者，最后势必一事无成，得不到什么幸福。我们不能总是寄希望于明天，空等未知的明天，而是应该实实在在地过好今天，并且为了描画明天而付出自己最大的努力。否则，我们就会因为把握不住今天，让明天的自己也碌碌无为。

有人说："人生中，最有价值、最值得珍惜的莫过于现在的价值。"也就是说，今天是最真实的存在——我们要想取得可喜的成就，拥有一个幸福的明天，首先就应该把握今天的大好时光。只有把握住现在，把握住能够让自己幸福的机会，明天才会成为我们想象中的样子。

安东尼·吉娜曾经是美国百老汇最年轻、最负盛名的年轻女演员。她在就读大学艺术团时，曾在一次校际演讲比赛中说道："大学毕业后，我要做纽约百老汇一名优秀的主角。"

当天下午，吉娜的心理学老师找到她问了一句："我想知道，你今天所说的想去纽约百老汇成为一名优秀的主角，是真的吗？"

吉娜点了点头。心理学老师尖锐地又问："那么，你今天去百老汇跟毕业后去有什么差别吗？"

吉娜想了想，大学生活的确不能帮自己争取到百老汇的工作机会，于是她说："我决定一年以后就去百老汇闯荡。"岂料，老师又问："那你现在去跟一年以后去，有什么不同吗？"

吉娜苦思冥想了一会儿，对老师说自己下个学期就会出发。但这位老师仍紧追不舍地继续问："你下个学期去跟今天去，有什么不一样吗？"

吉娜有些晕眩了，说下个月就前往百老汇。她以为老师这次应该同意了，但老师仍然不依不饶地追问："你觉得，一个月以后去百老汇，跟今天去有什么不同？"

吉娜激动不已，情不自禁地说："好，给我一个星期的准备时间，下星期就出发。"

老师步步紧逼："所有的生活用品在百老汇都能买到，你一个星期以后去和今天去有什么差别？"

终于，吉娜不说话了。

老师又说："百老汇的制片人当前正在酝酿一部经典剧目，有几百名各国艺术家前往应聘主角，我已经帮你订好了明天的机票。"

第二天，吉娜就飞到全世界最巅峰的艺术殿堂之一——美国百老汇，进行了一场百里挑一的艰苦角逐。为了增加优势，吉娜连夜准备了一个表演片段，一路上都在思考如何表现才是最好的。

正式面试那天，吉娜是第48个出场的。她那惟妙惟肖的表演，让制片人惊呆了。

当吉娜演完剧目之后，制片人马上通知工作人员结束面试，主角就是吉娜。就这样，吉娜顺利地进入百老汇，穿上了人生中的第一双红舞鞋。

安东尼·吉娜把握住了今天的大好机会，所以她才开启了成功的演艺生涯。试想，如果她等到毕业之后才去百老汇，把希望全部寄托在遥远的将来，还会有如此大的成就吗？世事难料，或许她同样会获得成功，但人生的轨迹必定不是现在的样子——或许她会失败，或许因为种种原因而无法走上演艺之路。

明天和未来永远都是未知的，将自己的人生寄托给明天，然后无情地虚度今天，那么，明天又会成为一个虚度的今天。

所以，与其期盼着明天的样子，还不如珍惜今天的一分一秒，努力地做自己应该做的事情，洒下自己辛勤的汗水。如此，你才能创造美好的明天！

■ 你一拖延，幸福便会消散

相信很多人有过这样的经历：遇到一件不喜欢做的事情，这时你一定会尽量地去拖延，不拖到最后关头就不去碰它，甚至一想起与它相关的事情就会难受。到了最后关头，这些人也会东张西望，无法集中精力去实施，最后自然不能很好地完成，那又如何能获得成功呢？

其实，很多时候，人们的失败并不是因为他们多么蠢笨，更多的是因为他们的懒惰、拖延。他们总是认为还有时间去完成，于是一拖再拖。

在拖延的过程中，他们产生了惯性的懈怠心理，总是会想"明日复明日"。要知道，明日复明日，明天是永远不会到来的一天。就这样，他们在拖延中与成功擦肩而过，让幸福从自己身边消散。

因此，想要获得成功和幸福，我们就必须克服拖延，让它彻底地从自己的生命中消失。而克服拖延的方法其实很简单，那就是不找任何借口，马上行动。

美国内战时期，美国总统林肯为了寻找到一名合适的指挥官而非常头疼。林肯筛选指挥官有自己的标准，就是要百分之百地执行他的命令，不为拖延找借口。

格兰特从西点军校的毕业生到林肯钦点的指挥官，他的仕途可谓平步青云。在战争中，格兰特总是被委以重任，而他也不负众望，能够快而有效地完成任务。最后，格兰特也成了美国总统。

每一次战争胜利后，很多人就会问格兰特将军取胜的秘籍。有一次，他回到母校视察，一名西点军校的学生就问格兰特："总统先生，请问您是被西点军校的什么精神鼓舞着，促使您一直勇往直前？"

格兰特淡淡地回答道："不拖延，不给自己任何借口，接到任务就马上行动。"

喜欢拖延的人，总是习惯给自己找各种借口："我没有能力。""我不知道怎么做。""我已经尽力了。"……殊不知，就是这些借口让你彻底地成为拖延的奴隶。不要为自己找借口，想好了就立刻行动，全力以赴地去完成任务。就算力不从心也要坚持，任务最终会完成。如此，成功才会来到你的身边，幸福的生活才会光顾你。

可是，生活中总是有那么多的人并不懂得珍惜时间，总是想办法找借口来拖延做事的进度。

甲和乙在同一家公司工作。周一开会的时候，例会已经过去了一半，甲才走进来。领导正说得起劲，看见甲走进来，于是就问他："你怎么又迟到了？"

甲不慌不忙地说："路上堵车了，我等了好半天道路才畅通。"

甲的理由很充分，领导也没办法追究，只得让他进来。甲刚坐下，心里就窃喜："如果我说起晚了，领导肯定会非常生气，幸好我机智地找了一个这么好的理由。"

继续开会，领导问乙："你的销售记录表怎么到现在还没有交上来？"

乙本来想利用周末的时间把销售记录表做出来，但没想到女朋友拉着他逛街，就把这事给忘了。现在，乙正在紧张忙碌着，希望能尽快把销售记录表做完，但做到现在还是没完成。

领导问完，乙条件反射地说："就快做完了！"

领导非常生气："就快做完了，是什么意思？不是让你周五下午做完吗？我不是说了，周一例会要用吗？"

乙畏畏缩缩地说："我不是故意的……谁知道周末家里断网了……"

领导打断了他："我不想听你的借口，上次是停电，这次是断网，下次是不是就该断粮了？"

著名作家塞万提斯说过："如果我们每天拖延一点点，最后的结果将是一事无成。"拖延确实可以让我们现在过得舒服一些，但今天轻松过去了，明天又该怎么办？难道也浑浑噩噩地过去么？如此下去，人生的大部分时间岂不是在拖延中浪费掉？

事实上，很多时候，我们仅仅只是拖延了一秒，就有可能让幸福消散。为什么要让拖延浪费掉自己那么多的时间，谋杀我们的幸福呢？

一辈子并不长，我们的幸福也就在此时此刻，所以及时抓住机会，立即行动吧，我们一定能收获幸福。

■ 时间不仅要省，更要会用

每天，当我们起床后就会面对一笔财富，那就是时间。只要我们拥有时间，我们就是富有的。

事实上，时间的价值与你对待它的态度有很大的关系。如果你不懂得利用时间，那么时间对你来说就没有多少价值。当你懂得珍惜，知道让每一秒的时间给生活涂上一抹色彩，那么你的人生就会幸福美满、多彩多姿。

可是，很多人显然并不懂得珍惜这笔财富。他们认为时间是无穷的，是用不完的，所以不仅不珍惜时间，更不懂有价值地利用时间。每天，他们把时间浪费在玩游戏、聊天、看电视等无聊的事情上，荒废了大好青春。

凡是幸福和成功的人，都是懂得珍惜时间和合理利用时间的人。他们从来不会浪费生命中的每一分钟，尽可能地发挥每一分钟的最大价值，避免做任何没有意义的事情。正因如此，他们的人生才无比精彩。

据说在微软公司，一群人准备测试世界首富比尔·盖茨。在盖茨前往会议室准备做简报的过道上，他们故意放了一张100美元的钞票。没想到，盖茨视若无睹，完全没有考虑捡或不捡就走了过去。

同事们耳语："难道比尔·盖茨早已不为金钱所动了吗？"盖茨走到会议桌前，对所有的人说："我知道你们在对我进行测试。一张100美元的钞票，到底值不值得弯下腰去捡？估算一个人创造财富的速度，他一分钟若能创造超过1000美元的财富，那么对他而言，弯腰那几秒钟太不划算了。"

从上面的故事中我们可以看出，在微软工作的人很懂得合理利用时间，因为他们很清楚，如果不把这一分钟的时间好好利用起来，就等于浪费了1000美元。

有位月收入20万美元的某上市公司管理者，他细细算过一笔账：他每天工资近 8000 美元，那么每分钟为 17 美元。假如他被别人打扰占用了 5 分钟的时间，就等于被窃现款 85 美元。

时间是异常珍贵的。在日常生活中，我们不仅要节省时间，更应该合理地利用时间，让自己的每一分钟都发挥最大的效用。简单来说，就是在有限的时间里做出有效的事，实现更多的目标。

现在来看看下面几个人是怎么管理时间的：

张宝光是一家保险公司的职员，经常需要开车外出洽谈保险业务。他非常善于利用时间，即使在塞车或者下车步行去客户家的路上，为了加深对客户的印象，也会拿出客人的有关资料看一看。

一位名叫韩佳的总裁助理也是如此。为了让自己在公司里有更多的时间处理有价值的事情，她在车上放了一把拆信刀，每次开车都会带着一沓信件，利用红绿灯或者塞车的时候看信。

韩佳认为，反正 20% 是垃圾信件，不如在自己到达办公室之前对它们进行一番筛选。所以，她一进办公室，做的第一件事就是立即扔掉垃圾信件。

杨静是一家外企的业务经理。当大家都在公司里工作的时候，她的大多数时间是在飞机上度过的。她认为和客户维持良好的关系非常重要，所以经常利用等飞机的时间给他们发短信。一次，一位同机的旅客在等候提行李时和她攀谈起来："在上飞机前，我就注意到了你，在 2 小时 34 分钟里，你一直在发短信，我敢说你的老板一定以你为荣。"

杨静笑着说："我只是合理地利用时间，不想让时间白白浪费而已。"

其实，幸福和成功很简单，就是合理地利用自己的时间，做管理时间的高手，让时间发挥出最大的价值。如果你不懂得利用时间，那么即便付出了很多努力，也可能只是在做无用功，白白浪费掉大好的时光。如此一来，失败就成为理所当然的事。

所以，要记住一句话：时间是我们的财富，不仅要节省，更要懂得如何去用，这样才不会辜负大好时光。

■ 为了生存，请别放弃学习

据美国职业专家调查确认：进入 21 世纪，职业半衰期周期已经越来越短。最新统计显示，25 周岁以下的从业人员，职业更新周期为人均 16 个月，所有高薪者倘若不学习，不出 5 年就会沦为低薪一族。就业竞争的加剧，显然就是"罪魁祸首"。当 10 个人中只有 1 人拥有医师从业资格时，他的优势非常明显，但当十之七八皆有从业资格时，他当初的优势便不复存在。

在这个社会里，一个人即便在某一领域曾经很有学问，或有充足的专业知识，如果志得意满就此停滞，学习无以为继，那么5年之后就会进入"知识半衰期"。这就是我们今天所要面临的现状。

事实上，很多人离开校园之后，就会慢慢地忘记学习。只是有些人是主动的，认为自己的学习使命已经结束，没有必要再学习了。而有些人是被动的，或是没有时间再学习，或是没有精力去学习。总之，他们把学习放在了一边。

可是，学习是我们进步的手段，是我们提高自己的方式。如果我们放弃了学习，就意味着放弃了成长和进步。现在竞争这么激烈，总有人在你身后追赶，一旦你停止了学习，就可能被人超越。因此，不管到什么时候，都不要忘记学习，不要忽视提高自己。

就连国学大师季羡林一生都在不断地学习，更何况普通平凡的我们呢？

"我一生都在教育界和学术界里'混'。"季羡林先生如是说，"这是通俗的说法，用文雅而又不免过于现实的说法，则是'谋生'。这也并不是一条平坦的阳关大道，有'山重水复疑无路'，也有'柳暗花明又一村'。

"回忆过去60年的学术生涯，不能说没有一点经验和教训。迷惑与信心并举，勤奋与机遇同存。把这些东西写出来，对有志于学的青年们估计不会没有用处。这就是'一拍即合'的根本原因。"

季羡林先生治学严谨，一生孜孜不倦，可谓活一时便学一时，从不倦怠。以他研究过的《浮屠与佛》为例，此文以汉、英两种文字第一次发表，受当时条件所限，有些地方不尽如人意。

42年后，季先生经过不断地收集资料，又写了一篇《再谈"浮屠与佛"》，将其中的问题逐一解决。

那些真正有学识的人，即便已经非常了得，也常自喻为孩童。这不仅是因为他们拥有谦虚的态度，更是因为他们深刻地理解了"学无止境"四个字的含义。学习理应是无止境的，如果停止学习，可用的知识会越发陈旧，人会越活越老，失去竞争活力，最后被淘汰出局。

那是大学毕业前的最后一次考试，一群电子信息工程专业的毕业生聚在一起，讨论着各自的未来。有人说自己已经找到了工作，有人则在憧憬着自己想得到的工作——他们都觉得，凭借自己这四年的努力，足以解决任何问题，征服外面的世界。而对于几分钟之后的考试，他们显得信心满满，毕竟教授都说了，他们可以带需要的教科书、参考书和笔记，只要考试时不交头接耳就行。

时间到了，他们一脸轻松地走进教室，教授将试卷发下来，学生们都眉开眼笑，因为那上面只有5道题。

3个小时过去了，教授开始收卷。而此时，学生们的脸色已经由晴转阴，灰暗得可怕。他们默不作声地看着教授将试卷收走。教授端详着学生脸上的神色，郑重地问道：

"有谁答出了全部的5个问题？"

没有人举手。

"那么，答出4个问题的呢？"

还是没有人举手。

"3个？"

"2个？"

学生们都低下了头，局促不安。

"那么，1个呢？一定有人能至少答出1个吧？"

学生集体保持沉默。

这时，教授放下手中的考卷，意味深长地说道："这在我的预料之中。我这样做，是想告诉你们，虽然你们完成了四年的工程教育，但仍有许多相关工程问题你们不知道。事实上，这些你们不能回答的问题，在日常操作中是非常普遍的。"

接着，教授露出笑容，语调轻松地说道："这个科目你们都会及格，但要记住，虽然你们即将毕业，但你们的学习才刚刚开始。"

当你自以为对这个世界无所不知的时候，其实正是你最无知的时候；当你终于发现自己对这个世界只是一知半解的时候，说明你刚刚开始进入学习；唯有当你最终发现自己的无知时，才说明你总算有了一点点的学识。

在人生的道路上，我们需要学习的东西实在太多了，即便是你已经掌握的知识，也在随着对这个世界探索和了解的不断加深而不停地折旧。所以，为了适应这个不断变化的世界，为了自己可以在这个世界上生存下去，跟上时代的进步，你必须拼命地学习，拼命地更新自己的知识，否则就可能面临被这个世界淘汰的危机。

曾经有人提出过一个定律，叫"一万小时定律"，其核心理论是无论做什么事情，只要坚持到一万小时，基本上可以成为该领域的专家。

按这个比例计算，倘若每天坚持4小时，一周坚持5天，那么成为一个领域的专家大约需要10年。但在10年之后，如果不继续学习，那么，仅仅只需要5年你就会因为落后而被挤出这一领域的专家行列。

即便不想成为某一领域的专家，你只是一个公司的职员，也只有不断地学习，才能让自己不断地成长，获得升职、加薪的机会。否则，在别人进步的时候，你在原地踏步，就只能被远远地落在后面，甚至面临被裁掉的危机。

可见，学习经不起一丝懈怠。我们汲取知识的速度，已经远远比不上知识折旧的速度，既然如此，我们有什么借口不学习呢？所以，为了生存，请别放弃学习。

■ 选择一种快慢适当的人生

朱自清先生在《匆匆》一文中说："洗手的时候，日子从水盆里过去；吃饭的时候，日子从饭碗里过去；沉默时，便从凝然的双眼前过去……我掩着面叹息,但是新来的日子影儿又开始在叹息里闪过了……"

时间是转瞬即逝的,就如同流水般一去不复返,所以绝大部分人异常珍惜时间,尽量要让自己变得快一些。久而久之,我们开始追着时间跑,生怕自己慢一步。

尤其是在现在社会竞争异常激烈的情况下,"快"和"赶"成为都市人最正常的生活步调。从清晨开始,我们就匆匆忙忙,闹钟一响就意味着忙碌的一天开始了。来不及吃早餐,工作的琐事堆满案头,查资料、计算数据、描绘图纸,一遍遍地重复着,甚至连中午饭也顾不上吃。夜幕降临,还得收起满身的疲惫,打起精神,超时加班。

就这样,我们日复一日、年复一年地忙碌着、奔跑着,忘了让自己停下来休息一下,让自己空闲下来。

可惜的是,尽管我们如此努力,生活并没有因为加速而变得幸福。就是因为我们的生活太快了,太繁忙了,以至于失去了原本的滋味。

不管是什么东西,只要是加速起来,就会失去原本的滋味,变成另一番样子。

一次,小明在超市里看到一袋剥好了的又白又饱满的瓜子仁,很是诱人,就买了回来。

小明一路上盯着那袋"白白小仁"垂涎三尺,到家后早已按捺不住,抓了一把就往嘴里送,他心想着,这直接吃到嘴里的速度，不知比嗑瓜子剥皮要快多少，这种"不劳而获"的感觉真让人爽。

然而，当满把的瓜子仁在口中被咀嚼时，却怎么也品不出平时一颗颗嗑来的香味。再来一口，还是这种感觉，全然没有了无穷的回味，也没有了再吃的兴趣。

一样的瓜子，为什么被"加速"剥出来的吃起来反而不香呢？想来，我们平日里嗑瓜子是慢慢地享受其中的滋味，慢慢地享受其中的悠闲。而现在，面对这些已经剥好的瓜子，省略了最重要的过程，吃到嘴里自然也就没有那个味儿了。难道生活不也是这个道理吗？

快节奏的生活，让我们的精神时刻处于紧绷的状态，无暇享受片刻美好的生活，更没时间来留意身边的美景。所以，生活除了忙碌和追赶，就只剩下繁杂和无奈了。

生命就像是一趟单程列车，很快就会驶到终点，为什么让自己如此匆忙呢？为什么不选择一种快慢合适的生活方式，该努力的时候努力，该停下来的时候停下来，充分享受生命的过程呢？如此，我们才有机会体验这多彩多姿的世界，才有能力创造属于自己的幸福。

一个从事房地产销售的年轻人，经过几年的打拼，在本地已小有名气。他每天的生活就像上足了劲的发条一样，被传真、资料、合同以及各种方案塞得满满的。

一天，他如往常一样，到很晚才从公司出来，走了很远的路也没叫到出租车。他慢慢地走在这条每天来往几十遍的路上，不经意地抬头，才惊讶地发现星星在丝绒般的夜幕中闪烁，洋溢着一种无言的美丽，一如大学毕业前的最后一晚，他和几个要好的同学躺在学校的草坪上看到的那样。那一晚，他们被血脉中扩张的青春激荡着，广袤的星空与未来的前途一片光明。

从那以后，他几乎再没时间去看星空了。从走入社会以后，他就一直保持着向前奔跑的姿态。目标仿佛总在前方，工作也总显得太忙，而他奔跑的速度也是那样快。

今天，当自己站在这寂静的星空下，他突然想起在大学里看过的一位日本餐饮巨头总结的成功之道：在他的连锁店中，能提供给顾客的永远是17厘米厚的汉堡与4℃的可乐。

据相关研究人员发现，这是令客人感觉最佳的口感。当然，那位餐饮巨头也可以选择把汉堡做成20厘米厚，把可乐加热到10℃，但那并不是它们的最佳口感。

于是，他知道幸福其实也只要17厘米和4℃就够了。快乐是一路上持续发生的，就如深夜寂静而美丽的星空带给人的震撼。从那天夜里开始，他决定放慢脚步，不再追求"过快的速度"或"过高的温度"。扔掉那些不切实际的东西，聆听自己的心声。他相信，那种最初、最简单的快乐，终究会被找回来。

诚然，忙碌是避免不了的，加快脚步也是理所当然的。然而，生活不应只是忙碌，我们的人生目的也不应只是工作和事业。当快节奏的生活压得你喘不过来气的时候，你不如改变自己的生活态度，放慢脚步，懒散地牵着心灵去漫步，于文字、于音乐、于默契的无言之中——随意摘下一朵小花，喝一杯咖啡，看一部老电影，静静地享受一下简约且透彻的生活。

优质的生活是一种平衡，该快则快，该慢则慢。

我们应该学会调整自己的生活步调，选择适合自己的节奏，选择一种适合自己的生活方式，放慢生活的脚步，多体味一下生命中那些被忽略的美好。在八小时工作之外的时间，充分享受自由，舒缓一下工作中养成的紧张情绪，悠闲地做一些自己喜欢做的事，放松身心。慢慢品味家人做好的饭菜，与家人谈心，然后在柔软舒适的床上慢慢地进入梦乡。如此，生活才是最惬意、最幸福的。

■ 许多事不必等到条件都成熟

人们常说："万事俱备，只欠东风。"意思是，一切准备条件都好了，只剩下一个关键因素。

事前做好充分的准备，是一个人取得成功的重要条件。但很多人却走进了一个认识误区，认为只有万事俱备才能行动，否则事情就会走向失败。在这种思想的指导下，他们从来不敢轻举妄动，即便是很微不足道的条件没有得到满足，他们也拖延着不肯行动。

比如，当他们接受一个任务时，总是对自己说，"我应该先收集全资料，等资料齐全之后再行动"；当他们遇到一个好机遇的时候，不是立即行动，而是对自己说，"我应该等到条件成熟之后再行动"……久而久之，无论做什么事，他们都顾虑重重，不敢贸然开始，还美其名曰："我只是等到万事俱备才行动，避免不必要的失败。"

事实上，那些整天嚷着"条件不齐全"的人，并不是真的条件不充足。"万事俱备"不过是有些人拖延行动的借口。他们对自己没有信心，或是不敢做出冒险的行为，或是为自己的懒惰找借口，或是做事呆板，所以一再推迟自己的行动。可很多时候，许多事不必等到条件都成熟了才能行动，因为时机成熟需要时间，而机遇却是稍纵即逝的。如果你一味地等到所有条件都成熟了再行动，只能错过大好时机。

比如，某家企业准备生产夏季紧缺品，但发现仓库的各种材料数额有限，需要从外地购买。你是等到材料全部运到后再开始生产，还是利用目前的材料先生产？答案当然是后者。如果等到材料全部齐全之后才生产，早就过了最佳的销售旺季。

当你想要完成一份企业宣传方案时，完全可以收集足够的资料就动手写，并在写作的过程中，一边收集资料，一边完善方案。以条件不齐备为借口而不行动，只会耽搁更多的时间，失去大好的机会。何不利用现有的条件先行动,然后再等待或是寻找条件,让它不断地完善呢?

所以,不要等到万事俱备才有行动的勇气。有时,等到万事俱备时东风早就已经吹过境了。在机遇来的时候,马上行动起来,然后一步步地完善,弥补之前的不足,才不会让机会溜走。

19世纪50年代,美国兴起了淘金热,全国各地的人纷纷加入淘金大潮。一位年轻的小伙李威·施特劳斯也按捺不住,放弃了安逸稳定的工作,随着两个哥哥来到旧金山,希望可以借此发一笔大财。

来到旧金山不久,他们就开办了方便淘金者的百货店。一天,一位经常前来买东西的淘金者看到店里的帆布,说道:"这帆布比棉布结实耐用很多,如果将这些帆布做成工装,一定适合我们淘金工人穿。"

人们常说:"说者无心,听者有意。"这位淘金者的话,让施特劳斯茅塞顿开。为什么不用帆布做成结实耐用的工装呢?经过一夜的思考,他觉得这个主意完全具有可行性。于是,他立即拿出一块帆布,找到裁缝店的老板,按照自己的尺寸做出了一条帆布工装短裤。他发现这种短裤不仅结实耐磨,还比棉布整洁方便。之后,他找到服装加工厂,生产了一大批工装,受到淘金者、矿工的喜爱。这就是现在风靡全球、深受年轻人喜爱的牛仔裤的前身。

后来,一位远方来的朋友看到施特劳斯设计的工装裤深受工人的欢迎,便建议说:"你为什么不扩大生产呢?如果你聘用一些经验丰富的裁缝,重新设计这种裤子的款型,配合相应的广告宣传,然后再完全地推向市场,定会更加畅销的。"

施特劳斯立即接纳了这位朋友的建议,迅速地把经过重新设计的工装裤推向了市场。令人没想到的是,这种裤子不仅受到广大工人的喜爱,更得到年轻人的青睐。于是,他马上引进设备,组装生产线,开始大批量地生产,并且利用各种媒体对牛仔裤进行宣传。他还提出和宣扬"牛仔文化",使得牛仔裤的市场前景越来越广阔。而施特劳斯早已摆脱了当初那个小百货店,成立了设计生产牛仔裤的公司,成为牛仔裤的发明者。之后,牛仔裤一直流行到现在,成为全世界年轻人最喜爱、最欢迎的服装。

你要知道,机遇是不等人的,如果你考虑的时间太久,当你准备得很充分之时它早就消失了。想到一个好的创意,马上去做,这样才有机会将创意变成现实,变成财富。如果没有立即行动,那么这个创意就没有任何价值。

很多时候,成功的机遇就摆在我们面前,我们抓住了机会就会获得成功,错过了机遇就只能失败。很多时候,客观环境并不允许我们准备周全,当大部分主要条件齐全而一些次要条件欠缺并不影响大局时,我们完全可以先行动,其他条件可以等到行动之后再慢慢完善。所以,不要等到所有条件都成熟了之后再去行动,要根据目前的形势进行判断,利用自己的智慧大胆地尝试,相信成功就会来到你的面前。如果总想着等到万事俱备再行动，你就会陷入行动前的等待，永远没有行动的机会。

许多事情不必等到条件都成熟后才行动，不要条件不齐备就不敢贸然行动。条件不成熟，没关系，先行动起来，我们可以在行动中逐步完善。只有抓住先机，我们才有继续前行的机会。

■ 切莫辜负你的"黄金时间"

当事情堆积得像小山一样时，当文案堆满你的办公桌时，你会不会觉得烦躁不已？是不是觉得不知道该从哪件事情开始做起？好不容易找到头绪，准备静下心来制订工作计划时，却被邮件、电话等琐事打扰。

看着一件件事情积累下来，你只能哪边催得紧就先做哪边，让自己完全处于忙碌不堪、头昏脑涨的状态。然而，一天工作下来，却发现重要的事情被完全忽略、忘记了！

究竟为什么会成这样？这是因为，你没有好好地安排自己的时间，以至于在重要的时间做了无关紧要的事情，导致时间的利用率太低。

我们之前说过，时间是宝贵的，但想要时间有价值，不仅要节省时间，更应该充分地利用好时间。

事实上，利用好时间的关键和前提是，做好预先的安排，做好科学合理的安排。比如，我们可以在每天睡觉前做好次日的工作计划，用一张纸罗列出次日需要处理的事情，随后根据事件的轻重缓急程度进行排序。第二天，根据做好的工作计划一件件地完成，做完一件事后便做上标记，以此类推。时间安排好了，工作效率自然就会提高，自然就不会手忙脚乱。

我们可以看看下面这个员工的工作状态：

小李有一个重要的报告需要完成，早上9：00开始进入工作状态，他觉得这是写报告的时间。可是，当他坐下来打算开始写的时候，看到桌子上的空水杯，于是站起来去加水，觉得边喝水边写东西更能节省时间。

在茶水休息室中，同事们正在谈论昨天晚上的足球比赛，于是他也加入了讨论。当回到座位时，时间已经是9：15了。

小李心想，必须要开始写报告了。不过，当他刚刚打开电脑，一个重磅消息弹了出来，抢眼的标题立即吸引了他的注意力，他赶紧点开新闻链接。

虽然了解新闻和查看评论只花费了他几分钟的时间，但却无法将他的心从网络中拉回来。他在心中一再提醒自己时间紧迫，却始终无法点击关闭的按钮。他查看了电子邮件，看到了老朋友发来的电子贺卡，于是忙着回复……

等一切事情都处理完之后，时间已经到了10：00，小李终于开始写报告了。不久，同事拿着刚刚完成的项目单前来，问道："小李，这个项目怎么没有宣传册。"

小李急忙澄清说："有的。昨天我还看到设计部在要资料。但是，为了节省成本，也为了更有效地传播，这个项目不打算印刷纸质宣传册。设计部已经制作了电子版的宣传册，估计过两天就可以完成……"之后，小李和同事就这个项目的几个问题进行了讨论。

时间到了10:30，如果他再不赶紧写报告，那上午肯定就完成不了了。可事与愿违，正好他的上司找他了解项目的情况，结果整个上午他都没有时间完成那个重要报告。

下午的状态也是如此。理所当然地，报告被推迟到了明天。

缺乏合理的时间管理计划，就会让你陷入忙碌混乱的状态，产生慌乱和焦躁的感觉，更没有办法去做应该去做的事情，也就谈不上效率和效果了。

或许，小李完全可以换一种方式来完成自己的工作：

9:00，准时打开电脑，利用五分钟检查所需要的各种资料，确认资料是否齐全；

9:05，打开文档开始写报告，首先写下报告的大纲和开头部分；

9:30，开头部分很快就会写完，这时给自己一点奖赏，倒上一杯水；

9:35，继续写报告，开启免打扰状态。当同事找你来讨论项目事宜时，可以客气地跟他说："不好意思，我正在写一份重要报告，可以等我半小时吗？"

10：30，报告终于完成。休息五分钟，然后主动找同事商讨项目事宜，再处理邮件、电话、上司的谈话等。

同样的时间，却收获完全不同的结局。这就是懂得合理安排时间和不懂得合理安排时间的差别。聪明的人能够高效地工作，不是因为他们比别人用在工作上的时间更多，而是因为他们是管理时间的高手，懂得如何安排和利用自己的时间，让每一分钟都发挥最大的效用。

更为关键的是，他们懂得在什么时间做什么事，知道自己哪段时间工作效率最高，哪段时间处于工作低潮，并且会将重要的事情放在效率高的时间段进行处理。

科学家研究表明，一般人精力旺盛的时间也就2个小时左右，这就是我们工作效率最高的时间，也被人们称作"黄金时间"。

通常来说，黄金时间就是头脑比较清醒、较少有干扰的一段时间。每个人的工作性质不同，工作环境也有所不同，所以，每天比较清醒的时间在什么时候，究竟有多长时间，也有很大的区别。

英国学者经过测试发现，每天上午8时左右，人的大脑具有严谨、周密的思维能力；而下午14时左右，人的逻辑思维能力比较强；晚上20时左右，是人们记忆力最强的时间。在这些时间段，大脑处于最佳的活跃状态，脑细胞处于高度兴奋状态。因此，大脑接受信息、整理信息、加工信息、储存信息和输出信息的效率比其他时间要高一些。

每个人都有属于自己的黄金时间，有的人是上午，有的人是下午，还有的人可能是晚上。想一想，你的黄金时间是在什么时候？你精力最充沛的状态是在早晨、晚上，还是其他时间？

不管你的黄金时间是哪个时间段，我们都不应该辜负这段宝贵的时间，而应该把最重要的事情放在这个时间段，专心、专注地完成手中的事情。如此，黄金时间才不会被白白浪费。

hapter 7 ◉
既然工作，就要出色 ○
——只有不再抱怨，工作才能遂心如愿 ●

■ 抱怨是在往自己的鞋子里倒水

如果留意一下会发现，我们身边的很多人喜欢抱怨，比如：

"我们大学同一宿舍的那个小子现在可牛了，工作好，收入高。以前也没觉得他有多优秀，现在竟然混得这么好。唉，我怎么沦落到现在这个地步了啊！"

"天天都没有正点下班的时候，真是命苦！有加班费也好呀，可公司就拿咱当老黄牛，真是没天理！"

"我跟朋友一起去那家公司面试，结果他直接被录用了，而我当场被毙掉了。我没觉得他比我强到哪里去呀！"

"公司年会上表演的那个相声也不怎么样,还没我的独舞好呢,竟然得了第一名,评委瞎了眼吧!"

……

一个爱抱怨的人,总是觉得整个世界都亏欠了他。生活中的一切都是他抱怨的对象,整天愤愤不平、郁郁寡欢、牢骚满腹。他们把自己的生活弄得乌烟瘴气不算,还要去不断地污染、搅扰他人的生活。

事实上,抱怨与牢骚不仅解决不了任何问题,还会让自己陷入消极的状态,让身边的人越来越厌恶你,让幸福的生活和成功的事业都远离你。

可以说,抱怨就是在往自己的鞋子里倒水,让自己前进的步伐更加困难一些,生活更加糟糕一些。所以,与其一味地发牢骚,不如想办法改变现状!

如果自己的工作不如意,那就努力工作,付出比别人更多的辛劳和汗水;如果表现得没有别人好,那就私下里苦加练习,让那些看不起自己的人刮目相看……即便现状真的无法改变,也不要怨天尤人,尝试着改变自己的心态,坦然地接受现实,笑着面对困难和挫折——也许在转角处,你就会发现"柳暗花明又一村"的新天地。

姚远是一名普普通通的"的哥"。像其他出租车司机一样,姚远一天的大部分时间都在抱怨出租车行业竞争太激烈,油价涨得太快,自己每月赚的钱太少……时间就这样在怨声载道中飞逝,生活了无生趣,毫无希望可言。

直到有一天，姚远无意在广播里听到一位励志成功学大师的访谈。这位大师说："停止抱怨与发牢骚，你就可以在众多的竞争对手中脱颖而出。记住，千万不要做一只鸭子，要立志成为一只在高空翱翔的雄鹰。鸭子只会'嘎嘎'地乱叫，而雄鹰却能在广阔的蓝天中展翅高飞。"

大师的这段话如醍醐灌顶，让姚远茅塞顿开。于是，他暗暗下定决心，努力做一只振翅高飞的"雄鹰"。

姚远并不只是口头说说而已，他开始留心观察整个出租车行业的现状。在这个过程中，他发现许多出租车的卫生状况很糟糕，司机的态度非常恶劣。对此，他决定做一些实质性的改变。

每次顾客上车，姚远都会主动下车帮助乘客打开后车门。如果客人带有行李，他还会积极帮助乘客将行李放到后备厢。

乘客一上车，姚远就会递给对方一张制作精美的宣传卡片，上面清清楚楚地写着自己的服务宗旨：在愉快的氛围中，将客人最安全、最快捷、最省钱地送到目的地。

姚远还在出租车上准备了许多种饮料，包括矿泉水、可乐、红茶等，免费提供给乘客饮用。为了让乘客打发车上的无聊时间，他在车上还准备了很多报纸杂志，比如《南方周末》《三联生活周刊》《体坛周报》等。

更周到的是，姚远还会给乘客一张各个电台的节目单，让乘客自己选择喜欢听的音乐广播。

在大家眼里，姚远这样的服务简直是上帝级的待遇了。但他还嫌不够全面，经常询问乘客车里空调的温度是否合适，还会针对乘客的目的地选择最佳路线。

姚远的生意越来越好，几乎不需要在停车场里等待客人，一天下来也没有歇停的时候，往往是刚刚送完这个客人，马上会接到另外一个客人的预约电话。这样坚持下来，姚远的服务质量广受好评，在行业内有口皆碑，收入立马翻了一番。

而当初的那些同事，在"眼红"姚远总有好生意的同时，仍然乐此不疲地抱怨着自己越来越差的境况。

面对黯淡无光、了无生气的生活，姚远决定不再抱怨与发牢骚，而是以乐观的心态去面对现实。并且，他充分发挥自己的主观能动性，努力去改变现状，让原本看似无望的生活充实、美好了起来。而一味地只知抱怨的人，如姚远的那些同事，却只能原地踏步，甚至越来越倒退。

生命就是一次旅行，人人都希望自己的旅途顺畅无比。可是，世界上哪有那么多遂人愿的事情，路上总是会遇到坎坷和泥泞。这时候，我们只能接受现实，走好每一步，如此才能走到终点。而抱怨就是在往自己的鞋子里倒水，不仅不会帮助你走过坎坷和泥泞，反而会让自己更加步履维艰。所以，停止抱怨吧，做好面对和克服一切困难的准备，如此才能尽快迈向坦途。

■ 不是"要你做",而是"你要做"

在生活中,我们经常会看到这样的人,他们的能力不见得低,人缘不见得差,可无论是在家庭还是在职场上,他们都不尽如人意,过着庸庸碌碌的生活。为什么会这样?

这是因为,他们虽然做了一些事情,也为生活而努力了,却只是为了生活而生活,永远被动地应付着生活,缺乏对生活的积极性。尤其是在工作上,他们总是处在"不推不走、不打不动"的状态,老板交代什么事就做什么事,老板不交代从来就不会主动去做;每天只是做好自己的本职工作,分外事一点都不愿做;永远只是被动地接受命令,从不主动找任务……

试想,这样消极被动的人,怎么能获得成功呢?

一位销售经理到几家公司去联系业务。当他进入第一家公司表明来意之后,一位负责接待他的员工冷冷地说:"对不起,老总出差了,我们做不了主!"见对方这么说,销售经理只好讪讪地离开了。

接着,他又来到第二家和他曾经有过业务往来的公司。不巧的是,这家公司的老板也不在。虽然他很失望,但接待他的员工主动询问起新产品的信息,在听完他的讲解之后说:"这个产品不错,你明天送几个样品过来,具体的事等老板回来以后再详谈。"

第二天,销售经理送去样品。那位员工已经跟老总汇报了这边的情况。老总很看好这个产品，就让他负责先进一批试销。结果，由于货物好又是独家经营，不到一个月，那家公司就净赚了20多万。老总很高兴，决定再进一批。

就在这时，销售经理去过的第一家公司的负责人也打电话来说想进货，可库存有限，加上他对第一家公司员工的印象不好，所以把货全给了第二家公司。

销售经理把这件事告诉了第二家公司的老总，老总非常高兴，对自己的员工很满意。后来，他不仅在公司大会上表扬了该员工，还对他进行了提拔和奖励。

这个故事反映了对工作抱有不同态度的两种人。第二家公司的接待员以主动的精神为公司促成了一桩生意，同时赢得了老板的赏识和奖励。

现在这个社会，被动的生活和工作方式，永远无法找到出路，只有积极主动的方式，才能占据优势。

拿破仑·希尔说过："自觉自愿是一种极为难得的美德，它能驱使一个人在不被吩咐应该去做什么事之前，就能主动地去做应该做的事。"他又说："这个世界愿对一件事情赠予大奖，包括金钱与荣誉，那就是自觉自愿。"所以，如果你想要在生活和工作中获得成功和幸福，就必须让自己主动起来，变"要你做"为"你要做"。

事实上，不管是在生活中还是职场上，没有人主动去告诉你需要做什么，不需要做什么，这完全靠你自己的主动思考和行动。如果你想要登上成功之梯的最高级，就必须消除消极懈怠的思想，积极主动地去做一些事情，否则你的生活和事业也就走到头了！

■ 像对待情人那样对待你的工作

在多数人看来，工作只是我们谋生的手段，如果不是为了衣食住行，不是为了优渥的生活，谁还愿意去工作呀？

事实果真如此吗？

工作虽然是我们谋生的手段，但你别忘了，它同时也是我们实现自身价值的渠道。工作是为了挣钱，同时也是我们实现梦想、成就事业的途径。当然，能否真正实现工作对我们自身的价值，实现自己的梦想、成就事业，还要看我们对待工作的态度。

如果你只是把工作当成赚钱的工具，当成谋生的手段，并不热爱它，那么很显然它会成为你的负担。长此以往，繁忙的工作会使你的心情压抑，缺乏积极主动的态度，甚至身心疲惫失去对工作的激情。可如果你把工作当成事业、理想，甚至是情人，那么你就会彻底爱上它，为自己的工作而骄傲，每天都充满激情和动力。最终的结果是，你不仅实现了自己的理想，成就了自己的事业，还在工作中享受到了乐趣和幸福的滋味。

这或许也应了艺术家罗丹说的："工作就是人生的价值，人生的欢乐，也是幸福之所在。"

我们一起来看微软公司一个清洁工的故事：

微软公司总部临时雇用了一名清洁工。在整个办公大楼的上百名世界顶尖级电脑人才中，她是唯一一个没有任何学历，而且工作量最大、工资拿得最少的人。然而，她每天上班都乐呵呵的，从不抱怨自己的工作又苦又累，好像是所有人中最快乐的那个。

从上班的那一天开始，她都快乐地工作着，对每个人都面带微笑地打招呼。就算不是自己工作范围内的，她都乐意去帮助别人。

快乐是能够"传染"的。她的热情很快地感染了很多微软员工，于是有一些人和她成了好朋友，甚至一向冷冰冰的人都被她融化了。渐渐地，没有人在意她的工作性质和地位，她的热情使得整个微软公司都兴奋了起来。

比尔·盖茨知道这事后很惊异，把这位清洁工叫到了办公室："你能告诉我，是什么让你每天都这么开心吗？"

清洁工笑笑说："因为我在为世界上最伟大的企业工作。我没有什么文化，很感谢公司给予了我这份工作，可以让我有不菲的收入，能够让我支持我的孩子上完大学。而我对这一切唯一能够做出的回报，就是尽我最大的努力把工作做到最好。一想到这些，我就感到十分自豪，所以我很开心。"

比尔·盖茨听完这段话后，为她的话深深感动了。他说："我想知道，你有没有兴趣成为微软的正式一员呢？我想，你是我们公司最需要的那种人才。"

清洁工高兴得半天才说出一句话:"当然,这是我毕生最大的梦想。"

从那之后,这位清洁工每天下班后就利用空闲时间学习相关的专业知识,公司的每个人都愿意给予她最大的帮助。几个月后,微软聘用她为正式员工。

看了这个故事,我们不由得发出感慨,一个清洁工竟能如此热爱自己的工作,把工作当成一种幸福和自豪。而正是因为这样,她成为了微软公司的一名正式员工。

可以说,对工作的热情是我们努力工作的力量源泉。它不仅能让我们的工作取得优秀的成绩,更能让我们从工作中得到快乐和幸福的感觉。工作并不是乏味、苦闷的事情,更不是不得不做的事情。如果你抱着这样的思想,那么即便是再好的工作、再优秀的平台,你也无法做出成绩。

我们应该热爱自己的工作,就像对待自己的情人那样对待它。当我们第一天踏入公司的大门,就应该春风满面地告诉自己:"我一定要热爱自己的工作,珍惜自己的工作。我一定要把工作做好,并为自己是公司的一员而感到骄傲!"

当你工作的时候,应该微笑着告诉自己:"工作是一种乐趣,也是一件美好的事情。我们应该积极地面对它,发自内心地喜欢它。"

事实证明,大多数人是无法做到的。由于工作中出现的种种问题,逐渐地,你就会发现你的自豪感逐渐褪色,直到空白了，甚至演变成怀疑、抱怨。

事实上，并非每个人都能够热爱自己所从事的工作，更不是每个人都在工作中获得了享受，毕竟辛苦工作和兴趣爱好是难以联系起来的。我们在工作中难免遇到困难、压力，所以很多人逐渐发现工作并非自己想象的那么美好，公司也并非自己想象的那么神圣，于是对工作的热情开始消退，慢慢地变成厌恶。

然而，这样的做法是错误的。虽然工作中有不尽如人意的地方，但我们不应该消极地对待，更不应该鲁莽地放弃。就好像你深爱的情人一样，开始的时候看着非常完美，可相处一段时间后，也会发现对方有这样那样的缺点，难道这时你就如此厌恶她、放弃她吗？相信很多人并不是这样的，我们会选择包容、爱护，挖掘其可爱、吸引我们的地方。

所以，我们必须积极培养自己对工作的兴趣，让兴趣激发我们对工作的热情。只要我们细心观察，就会发现每项工作都有其自身的魅力，有吸引我们的地方。如此，我们才能从工作中感受到快乐，将工作做得有声有色。

不要把工作仅仅当成简单的谋生工具，而要付出自己的爱，发现其中的乐趣和价值。若如此，我们必将从中受益。

■ 怀才不遇，只是你在给自己遮羞

很多人忙碌了半辈子，最后依旧过着平淡的生活。

面对这样的境遇，他们多半会说自己是怀才不遇，没有进入一家好公司，没有遇到一个能欣赏自己的领导——他们认为自己不是因为能力不行，而是这个世界上没有"伯乐"赏识自己；他们认为自己生活悲惨，不是因为自己没有努力，而是上天太不公平了，没有让他遇到好的机遇，所以，不管他们怎么努力，也无法获得美好的生活。

可是，找不到满意的工作，得不到上司的赏识，没有幸福的生活，真的只是"怀才不遇"吗？其实，所谓的怀才不遇，只是他们给自己没本事找的遮羞布罢了，只是给自己不努力找的借口而已。

有个年轻人因为得不到他人的肯定，终日郁郁寡欢。在痛苦绝望之下，他想到投海自尽。当他向大海中走去的时候，一位老人看到了，连忙制止了他。

老人问："你年纪轻轻的，为什么要走绝路？"

年轻人说："我找不到自己存在的意义了，没有人欣赏我，也没有人重用我。"

老人听后，从沙滩上捡起一粒沙子放在手心里，给年轻人看了一眼，然后又随便扔在地上。老人说："年轻人，把我刚刚扔在地上的那粒沙子捡起来！"

年轻人觉得老人是在开玩笑，说："这怎么可能呢？"

老人没有说什么，把手伸进口袋掏出一颗晶莹剔透的珍珠。接着，他随手把珍珠扔在地上，说道："年轻人，你能把这颗珍珠捡起来吗？"

年轻人不假思索地说："当然能！"

老人笑了，问道："你明白我要说什么了吗？现在的你还不是珍珠，所以无法让他人立即承认你。如果你想得到众人的肯定，就必须想办法把自己变成一颗耀眼的珍珠。"

年轻人听后，低头不语，若有所思。

怀才不遇、机遇太少只是一些人没有成功的借口，是用来安慰自己的。不管什么时候，真正的人才都不会被埋没，千里马终有一天会遇到伯乐。想要得到伯乐的赏识，就必须让自己成为真正有才的人，让自己变得有价值，如此，你的才华才不会被埋没。

事实上，那些住着豪宅，开着豪车，享受幸福生活的人，并不仅仅是因为运气好，而是因为他们一直都在主动地提升自己的价值，让自己从一粒无人问津的"沙子"慢慢地变成"珍珠"。

所以，你一定要明白，即使现在你在老板眼中很优秀，但如果不懂得主动升值的话，很快就会失掉优势，成为被淘汰的对象。

苗丽是一所名牌大学人力资源管理专业的毕业生，她在学校的表现一直很好，毕业后与现在的公司签了三年的合同。虽然已经工作了一年，但她一直都是人事助理，心里就有点不甘。因为刚刚晋升上去的人事主管刘薇是专科毕业生，比苗丽早来公司两年，但苗丽觉得自己完全能够胜任这一职位，没想到经理却选择了刘薇做主管。

这件事在苗丽的心中纠结了一个星期。她抱怨上司埋没自己，不善用人才。一气之下，她递交了辞职报告。

经理问苗丽："你觉得应该得到重用，那你告诉我，你现在能够做什么？"

苗丽说："我担任人事主管这一职位绝对没问题。"

"好，那么你说说，人事主管都负责什么工作？对待个人面试和集体面试，该注意哪些问题？在招聘的时候，该如何判断和选择一个人是否适合那份工作？"

"人事主管就是主管整个人事部的工作……招聘的时候，我……"苗丽感觉自己说得不是很有底气，但她没觉得有什么问题，只是在心里嘀咕着："又没有让我全权负责那些事，我怎么知道！等我做了主管，自然就清楚了。"

经理说："苗丽，我知道你是个有上进心的人。人事部的一些事情交给你，你都能够执行得很好。但是，这还不够，我刚刚问你人事主管的职责，你都没能正面回答我。

"你现在做的只是一些辅助性的工作，很多面试技巧和方法以及与人沟通的方式，你还需要学习。做主管，不是说能做就能做的。这两年，你只满足于执行指令，是个不错的执行者，但对于统筹这个部门，我在你身上还没有找到满意的答案。"

经理的这番话，让原本底气十足、自恃才高的苗丽不好意思地拿回了辞职信。她知道，自己接下来要做的就是比过去更努力。

这个世界上或许真的有怀才不遇者，有被沙子埋没的珍珠——但如果你没有真正的实力，却在工作中不努力、不提升自己，那么所谓的怀才不遇只是你不努力的借口而已。或许你可以骗得了别人，但骗不了自己，你只是在给自己的没能力、不努力遮羞，只是在糊弄自己罢了。

生活在这个世界上，我们需要好的机遇和好的伯乐让自己更容易成功，但要知道，那些只是成功的辅助条件，最关键的还是自己的心态。我们必须好好地努力，好好地奋斗，不断提高自己的能力和价值，如此才能一步步地走向成功。

所以，不要抱怨世界不公，也不要抱怨没有遇到好机会。让自己成为真正有才的人，才是最好的选择。

■ 你失败的原因只能在自己身上

人生在世，总是难以避免失败。在失败面前，有的人选择苛责、埋怨，把自己的失败归咎于时运或他人；有的人则会积极反省，哪怕不全是自己的责任，也不会咄咄逼人，而是在承担责任的同时，反省自己的不足。

前一种人只会怨天尤人，永远不能从失败中汲取教训；而后一种人，失败之于他，不是挫折而是财富。因为在每一次失败中，他都能够获得宝贵的人生经验，帮助自己向成功迈进一大步。

失败是难以避免的，但你的失败从来不是因为别人，而是因为你自己——或是你没有付出全部的努力，或是你的能力还没有达到，或是你在关键时刻做出了错误的选择。不管怎样，面对失败，你都不能抱怨，更不能将失败的责任推卸到别人身上。

在检阅队伍的时候，一名军官突然注意到，有一名士兵头上戴的帽子尺寸太大，都快要挡住他的眼睛了。于是，军官走到这名士兵的跟前，大声问他："为什么你的帽子会这么大？"

士兵立即高声回答："报告长官，不是我的帽子大，是我的头太小了！"

听了士兵的话，军官又问道："这有什么区别？头太小不就说明帽子太大了吗？"

士兵用坚定的声音果断地回答道："报告长官，作为一名军人，不管遇到什么问题，都应该先从自己身上找原因，然后想办法去解决，而不是从其他地方给自己找借口！"

听完士兵的回答，军官满意地点了点头，大步离开了。几十年后，这名士兵成为美国历史上最著名的统帅之一，他就是艾森·豪威尔将军。

是帽子太大，还是头太小？这两者看似没什么区别，但所反映出来的态度却大为不同。抱怨帽子太大的人，实际上是把问题都推到了"帽子"身上。这样的人，不管到什么时候都不会反省自己的问题，而是抱怨别人和客观条件。当他们面对失败的时候,也不会从自身反省,反而从别人身上找原因。其实,这是一种推卸责任、不敢面对事实的表现。

认为是自己头太小的艾森·豪威尔却不同,正如他所说的,作为一名军人,无论遇到什么问题,都应该先从自己身上找原因。毕竟不管遭遇什么事情,我们真正能够掌控的,也只是我们自己而已。

所以,要想成功,与其总去抱怨外界,把过失推卸给别人,倒不如好好地从自己身上找原因,尽可能地让自己做事更加周全,从而弥补外界不稳定因素带来的失败隐患,为下一次的成功做好准备。

生活中,总会发生很多我们无法预料的意外。比如,说好去游乐场,却突然碰上倾盆大雨;差不多已经到手的工作机会,却听说被人"走后门"抢走了;一直坚持不懈追求的理想,却在付出百般努力之后,依旧成功无望……在这些事情中,有的因素是我们能够掌控的,而有的因素则在我们的掌控之外。

对于在掌控之外的那些因素,不管我们多么不甘,多么愤恨,多么痛心,都无力左右它们;不管我们如何抱怨,如何哀叹,事情都无法为我们而改变。我们真正能够做的,只是牢牢地掌控住我们所能掌控的东西,那就是自己。比如,提升自己的能力,增强自己的学识,拓展自己的人际关系等,以便增加我们获得成功的筹码。

事实上，在这个世界上，大多数失败者之所以与成功无缘，并不是因为他们自身能力不足，或是命运多舛，归根结底，还是因为他们不懂得自省。

在面对失败的时候，他们很容易陷入负面情绪之中，并且将这些情绪迁怒到环境或他人身上，抱怨命运的不公，抱怨别人的干扰，甚至抱怨天气不好……可是，你失败的原因从来不在别人身上，而在于你自己。如果你不能及时地从这种不良情绪之中脱困、停止抱怨，及时反省自己的不足，那么下一次即便有机会，你也只能是失败。

聪明的人从来不抱怨他人与世界，因为他们知道这样做不仅无济于事，反而会加速自己的失败。所以，他们只会比之前付出更多的努力，比别人做更多的事情，然后坦然地迎接成功。

■ 每天多做一点，机会就会多一点

其实，获得幸福的秘诀很简单，就是每天多做一点。只要每天比别人多做一点，你获得的机会就会比别人多一点，积累的经验也就比别人多一点，获得成功的可能性就会比别人大一点。

对此，国外著名投资专家约翰·坦普尔顿通过大量的观察和研究得出了"多一盎司定律"：某些人之所以取得突出的成就，仅仅因为比别人多做了一点，差异为一盎司。

盎司是英美制重量单位，一盎司相当于 1/16 磅。

"多一盎司定律"可以运用到所有的领域，它是让我们走向成功的普遍规律。那些最知名、最出类拔萃的人，与其他人的区别在哪里？答案就是多做那么一点。

在成功的道路上，谁能使自己比别人多做一点，不要小瞧这一点，经过日积月累，它或许就可以改变你的一生，使你获得千百倍的回报。

大学毕业后，柳童被分到德国大使馆做接线员。小小的接线员，在很多人的眼里是一份没出息的工作。但柳童却在这个普通的工作岗位上做出了成绩，她的成功秘诀就是坚持比别人多做一点。

工作了一段时间后，柳童就将使馆所有人的名字、电话、工作范围甚至他们家属的名字都背得滚瓜烂熟。只要一有电话打进来，无论对方有什么复杂的事，她总是能在 30 秒之内帮对方准确地找到人。

由于柳童的工作出色，使馆人员都很放心。他们有事要外出时，并不是告诉自己的秘书，而是给柳童打电话，告诉她如果有人来电话请转告哪些事。柳童逐渐成为大使馆全面负责的留言中心秘书。

一年后，工作出色的柳童获得大使馆的嘉奖，并被破格升调到外交部……

柳童得到大使馆的重用，跃出平庸之列，踏上成功之途，是因为她的好运吗？不！她只是没有仅仅满足于做好自己的工作，在做接线员工作的同时，多记住了一些电话号码、一些人名而已。正是因为她在平时总是多做了一点，所以赢得了多一点的机会，从而获得不凡的成就。

每天多做一点，这一点不仅是付出，更体现了你对工作的用心和热爱。所以，在机遇难求的情况下，你才比别人多了这一份机遇，才在竞争如此激烈的情况下，比别人更容易获得成功。

每天多做一点点，其实并不难。我们已经付出了99%的努力，再多做一点又有什么困难呢？如果我们在工作上多花费一点时间，哪怕每天只多花5分钟来多做一点事，工作就有可能给予我们更大的回报，而我们也有足够的机会成为一个最出色的人。仔细地算一算这笔账，它将会对我们的人生大有好处！

在人生的道路上，其实机遇随处可见，只是看你愿意不愿意抓住它了。事实上，很多成功人士并没有想象中的那般大费周折。他们或许就是那些下班后还留在办公室工作一会儿的人，或许是看见与自己无关的某个人有了困难而愿意花时间来帮忙的人，或许是做了一些分外之事的人。但是，正是因为他们多做的这一点，才为自己迎来了机遇和成功。

在大街上，有一个要饭的男孩，他是可怜的孤儿。有一天，男孩跑到摩天大楼的工地上，向一位建筑承包商请教："请问，我该怎么做，长大后才会跟你一样有自己的事业、财富，获得幸福的人生？"

这位承包商说:"我给你讲一个故事。有三个人在一起挖沟,一个拄着铲子的人说,他将来一定要做老板;第二个人则抱怨工作时间长,报酬低;而第三个人只是低头挖沟。很多年之后,第一个人仍在拄着铲子;第二个人因虚报工伤,找到借口退休;第三个呢?他成了那家公司的老板。你明白这个故事的寓意吗?"

承包商看男孩一脸茫然,便继续说道:"看到他们了吗?这些都是我的工人。我没办法将他们每一个人的名字都记住,但你仔细瞧一下,那边那个晒得红红、穿一件红色衣服的人。"

很快,男孩就注意那个人比别人更卖力地干活,做得更起劲。承包商又说道:"他每天总是比其他人早一点上工,工作时也比较拼命。而下工的时候,他总是最后一个下班。在这群工人中间,他特别突出。我现在就要过去找他,派他当我的监工。从今天开始,我相信他会更卖力,说不定很快就会成为我的副手。"

顿时,男孩明白了,只要每天比别人多干一点,总会成为突出的那一个。付出总会有回报,你的努力别人是会看到的,这样你就会更加接近成功,得到别人的赏识,不就得到幸福了吗?

之后,男孩放弃了要饭的生涯,开始在建筑承包商的手底下干活。由于他总是比别人起得早、跑得勤,工作比其他人做得多、做得好,很快他就因为这种敬业精神成为老板的左膀右臂，后来成为一名非常成功的人。

　　成功并没有我们想象的那么复杂，就像这个要饭的男孩一样，一开始他以为成功是那么的遥不可及。但听完承包商的话之后，他决心每天多做一点，最后终于获得升迁的机会，取得了事业的成功。

　　所以，如果我们想要拥有美好的生活，就要比别人多做一点，付出的努力多一点，多尝试一点，如此，机遇才不会从你身边溜走。

■ 小事不放过，大事别错过

　　有人说："我是要做大事业的，那些小事就留给别人去做吧。"可是，一个人如果连小事都不愿意做、做不好，怎么能做成大事呢？只有勤于通过做小事积累经验，才能增强能力，同时自己的内在心智也会跟着有所成长，才能为做大事做好准备，取得更大的成功。

　　人生需要从小事做起，脚踏实地地做好每一件事情，就像是站在沙堆里，无论怎么使劲地跳，总是不如在结实的路面上跳得高、跳得远。如果我们不能脚踏实地，做好每一件事情，那么就永远也不能取得更大的成功。

　　不要把做小事当成是简单的事，也不要认为它无法显示自己的才能。真正成功的人都知道，小事虽然简单，但要做到极致并不容易。它需要我们具有一丝不苟的精神、严谨的工作态度，以及对待工作100%的热情。海尔集团首席执行官张瑞敏说过：把简单的事做好就是不简单，把平凡的事做好就是不平凡。

更何况，天下大事必做于细，所有的大成就都是从小事做起的，都是由无数小事积累而成的。我们怎么能只想着做大事，却看不起那些小事呢？

现在，日本有1万多家麦当劳店，一年的营业总额能突破40亿美元大关。而创造这一辉煌业绩的藤田田，年轻时有过一段不凡的经历。

1965年，藤田田毕业于日本早稻田大学经济学系。毕业之后，他来到一家大电器公司打工。1971年，藤田田开始创业，他想经营麦当劳快餐馆。由于加盟麦当劳需要高额的加盟费，而他当时没有足够的资金来支持自己的事业，只好找别人借钱。但在5个月的时间里，藤田田只借到了4万美元，离麦当劳店要求的50万美元还有很大的差距。面对巨大的资金落差，如果是一般人早就放弃了，但藤田田决定向银行贷款。

于是，在一个早晨，藤田田西装革履、满怀信心地跨进住友银行总裁的办公室。他以非常诚恳的态度，向总裁表明了他的创业计划和求助心愿。

在耐心听完藤田田的描述之后，银行总裁对藤田田说："你先回去吧，让我再考虑考虑。"藤田田知道，对方是在婉拒自己的要求，心里马上掠过一丝失望，但他依然恳切地对总裁说:"先生可否让我告诉你,我那5万美元存款的来历呢?"总裁回答说:"可以。"

"那是我6年来每个月都存款的结果,"藤田田说,"6年的时间,我每个月坚持存下奖金,从来没有停止过。6年的时间里,我曾经多次面对过度紧张或手痒难耐的尴尬局面,但始终没有动过这笔钱。我之所以这么做,是因为我有一个梦想,就是在10年之内存够10万美元,然后自己创业,出人头地。我坚信,只有一点点积累、在小事上努力的人,才能赢得成功。现在,我终于有了一个机会,就想抓住它。"

藤田田的这番话说了20分钟,总裁越听越感动,并向藤田田打听了他存钱的那家银行的地址,然后对藤田田说:"好吧,我下午给你答复。"

送走藤田田之后,总裁立即开车到了那家银行,亲自去了解藤田田存钱的情况。柜台小姐在明白了总裁的来意之后,对总裁说:"哦,你是说藤田田先生啊,他可是我见过最有毅力的一个年轻人。6年来,他每个月都会来这儿存钱。老实说,他每次存的钱并不多,却没有间断过!"

听完柜台小姐的这番话,总裁一言不发地回到公司。他马上打通藤田田家里的电话,对藤田田说:"住友银行决定毫无条件地支持你创建麦当劳事业。"

得到了贷款之后的藤田田,马上开始了自己的事业。10年之后,他拥有了500家麦当劳加盟店,成为全日本最大的麦当劳代理商。

所有的巨大成功，都是从小到大一步步地积累而成的，没有人能够随随便便成功。当然，我们可以制订远大的目标，怀有做大事的雄心，但并不意味着要因此忽视和看不起生活和工作中的小事。事实上，一个光想着做大事却忽视小事的人，是很难取得成功的。

生活中，很多好高骛远的人往往在人生的道路上很容易犯下一个大错误。他们总以为人生有直达车，自己可以不经历过程中的困难而直达终点，不经历低谷而直达高峰，舍弃细小而直达博大，跳过近前而直达远方。目标远大固然很好，但光有远大的目标是不够的，还得为此付出努力才行！如果只是空怀大志，却不愿脚踏实地地执行，那他的远大理想就只能是空中楼阁，永远只是计划中的计划。

正如汪中求先生在《细节决定成败》一书中所说的："芸芸众生能做大事的人实在太少，多数人的多数情况总还只能做一些具体的事、琐碎的事、单调的事，也许过于平淡，也许鸡毛蒜皮，但这就是工作、生活、成就大事的不可缺少的基础。"

所以，聪明的人应该脚踏实地，胸怀理想，小事不放过，大事也不放过，不让自己陷入"小事不愿做，大事做不了"的窘境，如此，才能赢得美好的人生。

Chapter 8
与对手冰释前嫌
——对手，其实是成就你的另一只手

■ 你与对手，不一定要势不两立

生活中，总有这样一类人，他们鼠肚鸡肠，眼里揉不进沙子，总是因为一些鸡毛蒜皮的小事就四面树敌。在他们眼中，对手就是敌人，就是势不两立的对立面，一遇到就非要决一胜负不可，甚至还想着置对手于死地。

可是，很多时候对手并不是我们的敌人，也不一定要与其势不两立。虽然你与他彼此存在竞争关系，但是却没有任何仇恨。我们不应该把对手看成生活中的障碍，也不要把对手看成眼中钉、肉中刺，否则只能四处树敌，给自己的人生平添很多麻烦。

所以，与其互相争斗弄得两败俱伤，还不如握手言和，拥抱对方，用宽容的心来对待对手，把他看成朋友。这样一来，不仅可以化解彼此的矛盾，还会为自己赢得尊重。

一场激烈的职业拳王争霸赛正在紧张地进行着，比赛双方是28岁的巴雷拉和35岁的老将卡菲罗。双方实力相当，难分胜负，打了六个回合仍然是平手。当到第七回合的时候，巴雷拉找到突破口，接连击中卡菲罗的头部，把卡菲罗打得鼻青脸肿。

第七回合结束，是短暂的休息时间。巴雷拉立马跑过去向卡菲罗道歉，态度非常诚恳，脸上写满歉意。他用自己的毛巾擦去卡菲罗脸上的血迹，把矿泉水洒在他的头上。

休息时间很快就结束了，比赛再次开始。也许是年纪大的原因，卡菲罗渐渐有些体力不支，再次被巴雷拉找到破绽，一次次地被打倒在地。拳击赛的比赛规则是，当你被对手打倒在地后，如果裁判连喊十声你仍旧没有站起来，那么你就算输给了对手。卡菲罗每次被巴雷拉打倒在地都努力地试图爬起来，但还没等裁判喊到"十"，巴雷拉就主动上前把卡菲罗拉了起来，两人互相击掌，然后继续开打。

观众和裁判都惊呆了。巴雷拉这样的举动简直不可思议，因为在比赛场上，人人巴不得自己的对手很快地被淘汰出局，甚至还会乘机落井下石。可巴雷拉却反其道而行之，竟然反过来帮助自己的对手。试想，如果他不去拉卡菲罗，也许卡菲罗真的就爬不起来，就此输给他了。

比赛到最后，巴雷拉以 108∶100 的成绩打赢了卡菲罗。观众为巴雷拉欢呼，向他献花致敬。而卡菲罗作为失败者，自然被观众晾到了一边。就在此时，巴雷拉拨开为他欢呼的人群，径直走向被冷落的卡菲罗，把最大捧一把鲜花送给了他，并和他紧紧拥抱。

卡菲罗虽然失败了，却把衷心的祝贺送给了巴雷拉。他面带真诚的笑容，拉起巴雷拉的手，高高举过自己的头顶，向所有的观众致敬谢幕。

虽然这是一场充满暴力的比赛，但整个过程中却闻不到一丝火药味。巴雷拉对对手的大度，感动了在场的所有观众，也感动了卡菲罗。作为巴雷拉的对手，卡菲罗最终败北，却输得心服口服，这才给予了巴雷拉真挚的祝贺和微笑。

试想，如果巴雷拉没有做出那些拥抱对手的友好举动，卡菲罗还能笑得如此坦诚吗？答案一定是不可能的。

生活中，敌对的双方总是充斥着浓浓的火药味，恨不得把对方置之死地而后快。面对自己的对手，人们的情绪总是会变得分外激动，但生活并不是战场，那些对手也不是跟你有深仇大恨的敌人。即便是敌人，不也有化敌为友的一天吗？更何况，心中一直怀着这种敌对情绪，与任何人都势不两立，非常不利于你获得幸福和成功。

人们常说，多一个敌人不如多一个朋友。当你多一个敌人的时候，你所得到的将不再只是个敌人，你在精神上所受到的折磨，将比他实际带给你的折磨多出十倍甚至百倍。当你用宽广的胸襟、高尚的人格去拥抱对手的时候，你所得到的也将不只是一个朋友，从中所享受到的欢乐和轻松，也将比他实际所给予你的多出十倍、百倍。这样，你为什么要把对手当成敌人呢？

事实上，对手并不一定要势不两立，也没有必要弄得两败俱伤。很多时候，有了对手的存在，我们才能不断地激励自己变得更强；有了对手的打击，我们才有勇气面对生活的艰难和困难。甚至有些时候，我们和对手既是竞争关系，也是合作关系，还可能成为要好的朋友。

有动物学家对自然界的动物做过研究，发现那些没有天敌的动物往往最先灭绝，而有天敌的动物反而不断繁衍，生生不息。存在于自然界的这一规律，同时也存在于我们人类社会。对手的存在，会让一个人的潜能得到巨大发挥，甚至创造奇迹。

所以，不要把对手看成自己的对立面，更不要仇视对方，尝试着拥抱自己的对手，那么你就可以赢得对手的真心。尤其是职场上的对手，没有必要非弄得势不两立。正是因为他的存在，你才能不断地提高自己；正是在超越对手的过程中，你获得了更多的东西。

■ 真心为对手的精彩大声喝彩

当我们自己取得一定的成功时，我们总是兴奋不已，希望有人为自己鼓掌。然而,当你的对手取得成功时,你是否也能奉上一次掌声呢?

也许很多人做不到,认为这是人之常情,毕竟你们彼此是竞争关系。可是,真心为对手的精彩鼓掌的人,才是真正有智慧的人。在他们眼中,对手不是敌人,而是自己学习的榜样,是促使自己前进的动力。

正是因为对手的存在,我们才能更健康地前进,奋力拼搏,用实力让对方露出刮目相看之色。事实上,现实生活中,每个人都有竞争对手,也许是你的同学,也许是你的同事。在竞争时,你追我赶,想方设法地想要把对方击败,却可以在对手取得成绩时为其喝彩。

其实,很多成功者非常乐意为对手喝彩,更愿意与他们合作。这个世界上,根本不存在绝对的敌对关系。任何敌对关系都是暂时的,而合作才是长远的。希腊船业大亨欧纳西斯说过:"要想成功,你需要朋友;要想非常成功,你就要学会尊重你的敌人!"

拿大自然的物种与物种之间的关系来说,食草动物吃草,因此我们可以将食草动物看作植物的敌人,事实上,植物也要依靠它的"敌人"来提供必要的养料,如粪便和腐烂的尸体。

有一年,西班牙埃尔切市鞋业协会会长安东尼奥先生千里迢迢地专程来到温州访问考察,并与温州市鞋业协会签署了一份主题为"竞合"的《温州宣言》,宣布今后双方将既竞争又合作——注重于互利互惠、优势互补、合作共赢。目前，双方"竞合"的一些前期工作已经展开了。

而后来发生的"火烧温州鞋"事件，正是发生在埃尔切市。当时，该市近千名鞋商和制鞋工人涌进温州鞋商聚集的"中国鞋城"游行示威，抗议温州鞋砸了他们的饭碗。一些不法分子，焚烧了16个集装箱价值800万元的温州鞋。

温州商人似乎四处树敌已久。国内外，温州的"炒房团""炒油团""炒煤团"和"炒棉团"早已声名远播；而温州生产的打火机、眼镜等出口产品，也不断引发国际间的贸易冲突。

过去一直崇尚竞争，以"特别能抢占"自豪的温州人在反思：这种四处树敌的策略，可能会导致最终的失败。所以，几位温州民营企业家提出"放下竞争，实现共赢"的口号，和之前的许多"对手"化敌为友。

几年之后，温州商人重新获得了市场的认可。

就像温州商人所遇到的情况一样，很多时候，对手完全是可以变成朋友的，只看你愿意不愿意。所以，我们完全没必要对"敌人"恨之入骨，因为他们可能是我们的朋友，还可能是日后的合作伙伴，我们应该学着尊重对手。

即便我们无法和对手成为朋友，但从另一个角度来看，正因为对手的出现，逼迫着我们必须抛弃自己的懒惰，挖掘自己的潜力。对手是我们最好的闹钟，它提醒我们：不能停下，该出发了。我们还有什么理由，不去尊重我们的对手呢？

竞争者的肯定，胜过千千万万支持者的祝福。所以，当我们唯一的对手获得成功时，请真诚地为他的精彩大声喝彩，这可以说是一种最高的赞美和褒奖。当对手得到这份礼物时，必然会将你的好铭记于心。将来有一天，当你需要帮助时，伸出援手对你施救的人，可能就是他。

一位成功人士说："为竞争对手叫好，并不代表自己就是弱者。为对手叫好，非但不会损伤自尊心，相反还会收获友谊与合作。"

这是一种美德，当你为对手喝彩时，就会赢得对手的尊重和感激；这是一种智慧，当你欣赏对手的成绩时，你也就得到了不断的提升和完善；这是一种修养，为对手鼓掌，也矫正了你的嫉妒之心，培养了你的宽容度。

当然，或许对手曾经给你带来过伤痛和挫折。但请记住，千万不要在失利之后对你的对手心生仇恨，那正显示出了你的懦弱。一个真正强大的人，能够认识到对手的伟大之处，乐于为对手的精彩成绩喝彩，然后通过自己的努力去超越他们。

为对手喝彩，是做人的智慧，更是激励自己的手段。它能让我们看清自己的不足，明白对手的可贵，从而激励自己不断地赢得胜利。

■ **折磨你的人，或许才是你的贵人**

俗语有言："刀不磨不锋利，人不磨不争气。"在日复一日的生活中，我们难免会受到各种各样的折磨：对手的百般打击、上司的百般刁难、同事的冷嘲热讽、朋友的风言风语……这些看似折磨自己的人，往往也是自己的贵人。因为他们激发了我们的斗志，磨炼了我们的意志，从而提高了我们的才能，让我们在人生的道路上不断前行。

成功学大师卡耐基说："一个人在饱受对手折磨的背后隐藏着未来的成功，所以，敌人是促进你取得成功的动力源。"一位哲人也说过，任何的学习都比不上一个人在与对手较量的时候学得迅速、深刻和持久，因为它能使人更深入地了解社会，接触社会现实，使我们得到提升与锻炼，从而为我们铺就一条成功之路。所以，我们没必要对这些折磨过自己的人心存怨恨，而应该心存感激。

汽车大王亨利·福特出生于密歇根州格林费尔德城，父亲是当地的一个农民。福特在家排行老大，所以从13岁开始，他就在一家私人加油站打工，以此养家糊口。

福特刚开始想学修车，因为他很早就对机器类的玩意儿感兴趣。但是，老板起初也只允许他在前台接待顾客、打打杂。

老板是个极为苛刻的人，每次都不让小福特闲着。每当有汽车开进来时，他都会让小福特去检查汽车的油量、蓄电池、传动带和水箱等。后来，老板又会让他去帮助顾客擦车身、挡风玻璃上的污渍。

有一段时间，一位老太太每周都会开着她的车来清洗和打蜡。这辆车的车内踏板凹得很深，很难打扫，并且这位老太太极难沟通。每次当福特把她的车清洗好后，她都要仔细地再检查一遍，并让福特重新打扫，直到清除掉车上的每一缕棉绒和灰尘，她才会满意。

终于，有一次小福特忍无可忍，不愿意再侍候她了。这时，店老板厉声斥责他说："你不愿干就赶快滚，自己看着办吧！"小福特心中很是痛苦，回家后就将事情告诉了父亲，父亲却笑着告诉他："好孩子，你要记住，这是你的工作责任。不管顾客与老板说了什么，你都要尽力做好你的工作，这将会成为你的人生财富。"

在以后的日子里，小福特谨记父亲的话，不管老板与顾客再怎么刁难他，他都会微笑视之，并努力地将事情做好。几年后，福特凭借自己的各种基本洗车技术以及在顾客中的良好表现，开起了自己的店面，最终成为世界级的"汽车大王"。

其实，福特的成功与他懂得感激那些折磨自己的人有着极大的关系。"吃一堑，长一智"，那些让你吃一堑的人，虽然给自己的生活增添了很多麻烦，但也让自己长了一智。那些折磨过我们的人，虽然让人痛苦不堪，却也激起了自己成功的欲望。可以说，是那些折磨过我们的人，让我们与成功结缘。

我们不妨问问自己，在日常生活和工作中，你是否有过这样的感受：你的上司很差劲，经常批评你或者对你有误解，而这种情况反而促使你萌生一定要成功的念头；你的家人对你的关注不是很多，而且他们也没有更多的条件来给你提供什么帮助，你是不是会因此而萌生要闯出一番天地的念头……

从心理学的角度来看，当一个人受到的打击超过自己所能承受的限度的时候，他就会爆发出一股力量。这股力量会驱使你要向别人证明："我能够成功！"

如此看来，如果没有那些人的折磨，我们或许就没有今天的成就！如此，你为什么不对其心存感激呢？

一位记者问奔驰汽车的销售总监："奔驰车为什么能进步如此之快，迅速风靡世界？"该总监答道："因为宝马将我们追得太紧了。"

几天后，记者又问宝马汽车的销售总监同一个问题，该总监回答说："因为奔驰车跑得太快了。"

不可否认，生活中，每个人几乎每天都会受到折磨，而每一次折磨都代表你又要进步了。那些折磨我们的人，可以让我们时刻检讨自己哪些地方做得不好，哪些地方需要改进，进而让自己变得更坚强、更优秀。与其说这些折磨我们的人是我们的对手，不如说他们是我们的贵人。正是因为他们逼着我们成功，我们才能在成功的道路上不断奔跑。

■ 对手，成就你的另一只手

当今社会，由于竞争激烈，我们随时都有可能遇到对手，面临竞争的挑战、利益上的你追我赶、荣誉面前的你争我抢。此时，大多数人的内心平衡被打破，会对竞争对手产生怨恨、畏惧、逃避等消极心理。

其实，这种思维方式是非常狭隘的。对手给予我们的不仅仅是危机和斗争，更激发了我们的求胜心。它还是一剂强心针，一部助推器，一个加力挡，能够激发自己不断前进，以获取更多更大的成绩和成功。可以说，对手就是成就我们的另一只手。

我们先来看看下面这个故事：

某家动物园为了吸引更多的游客，特意从遥远的美洲引进一只剑齿豹。

这种剑齿豹的勇敢和凶悍是尽人皆知的。据说它们一天能够逮捕三只羚羊，而其他美洲豹再拼劲儿，一天也只能逮捕一只羚羊。

面对这样一个"远方贵客"，动物园管理员想方设法地给剑齿豹好吃好喝的，每顿饭都特意为它准备精美的饭食。不仅如此，管理员还特意开辟了一块不小的场地，供剑齿豹活动。可是，它并没有因为受到特殊对待而过得舒心，反而整天闷闷不乐，看上去总是无精打采的。

见此，管理员大感不解，开始他们以为或许是剑齿豹对新环境不大适应，过一段时间就好了——可让他们没想到的是，两个月后，剑齿豹还是老样子，甚至连饭菜都不吃了，生命有点奄奄一息的样子。

眼看着"活宝"变成了这样,园长可急坏了,他赶忙请来兽医多方诊治,可没发现剑齿豹有任何病。紧接着,兽医给出了一个建议:在剑齿豹生活的领域放几只老虎,或许能让剑齿豹打起精神来。

果然不出所料,人们发现,老虎的到来让剑齿豹时时处于警觉状态。每当运送老虎的车辆出现,剑齿豹就站起来怒目而视,摆出一副严阵以待的架势。没过多久,剑齿豹的活力逐渐恢复,这时管理员也长舒了一口气。

大自然的规律是"物竞天择,适者生存"。换句话说,没有竞争,就没有发展;没有对手,自己就不会强大。正是因为与对手的竞争,才推动了我们前进;正是因为与对手的竞争,才促使着我们成功。对手,就是我们前进道路上的助推器,无时无刻不在催促着我们努力前进。

可以说,一个人如果没有对手,加之上进心不是很强的话,那么他就会甘于平庸,养成惰性,最终庸碌无为;在一个群体中间,如果缺乏竞争对手,就会使人丧失活力和生机;在一个行业中,如果缺少对手,也容易让人丧失竞争意识,因为安于现状而逐步走向衰亡。

很大程度上,对于一个懦弱的人来说,对手就是他人生的障碍;可对于强者来说,对手就是他人生的动力,推动他不断创造辉煌。不得不说,很多时候,真正激励我们走出困境、走向成功的,并不是我们的亲人和朋友,也不是我们赢得的鲜花和掌声,而是那些曾经打败过我们或者想打败我们的对手。

因此，我们不应该消极地排斥对手，而应该积极地面对对手，主动地参与到竞争中去。我们不应该把对手放在对立面，而应该把他当成是成就自己的朋友。如此一来，我们才能在与对手的较量中激发出自己最大的潜力，进而彰显出最优秀的自己！

众所周知，林肯是美国历史上最有影响力之一的领导者，也是一个优秀的成功者。他之所以取得成功，除了自身卓越的领导能力外，与他重视、欣赏萨蒙·蔡斯这个有力的竞争者也有很大的关系。

1860年，当林肯当选为总统之后，他决定任命参议员萨蒙·蔡斯为财政部长。他把自己的想法告诉了参议员。可没想到，顿时引起一片哗然，很多人投出反对票。对此，林肯颇为疑惑地问："萨蒙·蔡斯是一个非常优秀的人，为什么会引起这么多人反对呢？"

参议员们给出了这样的回答："萨蒙·蔡斯是一个狂妄自大的家伙，他狂热地追求最高上司权，一心想入主白宫。而且，私下里，他甚至认为自己要比你伟大得多。"

听完参议员们的话，林肯笑着问道："哦，那你们还知道有谁认为自己比我更伟大？"

这些人不知道林肯为什么要这样问。

林肯解释说："如果你们知道，有谁认为他比我伟大，你们要及时告诉我，因为我想把他们全都收入我的内阁。"

最后，林肯还是任命萨蒙·蔡斯为财政部长。事实证明，蔡斯是一个大能人，在财政预算与宏观调控方面很有一套。但是，因为崇拜权力，他对林肯一直很不满，并时刻准备着把林肯"挤"下台。

林肯的朋友纷纷劝他说，最好免去蔡斯的职务，但他轻轻地笑了笑，表示自己对蔡斯满怀感激之情，不可能罢免他。朋友们对林肯这样的说法难以理解，于是，他就讲了这样一个故事：

卡尔是一位商人，最近却因为一位对手而陷入了困境，因为那位对手到处宣称："卡尔的公司不可靠，还面临着关门的危险。"

这让卡尔感到非常气愤，恨不得暴揍对方一顿，可转念一想，自己这样做岂不是更激化矛盾。于是，他决定以和为贵，化敌为友，把对手当成是激励自己不断进步的动力。在卡尔的努力下，他的生意越来越好，越做越大。

不久，卡尔得到了一个好消息，一位客户想要大量地购买一批商品，可所指定的产品的型号却不是自己公司生产的，恰恰与竞争对手制造的产品很相像。有了这笔生意，竞争对手可能得到更快的发展。

思考了一阵，卡尔还是决定把这笔生意介绍给那位竞争对手，而这让那个对手感到非常尴尬，他没有想到卡尔把这么好的事情告诉他，不禁问道："难道你就不怕我打垮你吗？"

卡尔笑着说："当然不怕！只有对手更强，我才能发挥自己的潜力,让自己做得更好!"

之后,两人虽然还是竞争关系,但是却能够彼此友好地对待对方、良性地竞争。正因为互相竞争,把超越对方当成第一目标,所以两个公司都得到了更好的发展。

由此可见,对于一个想干出一番事业的人来说,他们会将竞争对手当作自己不断努力的动力,无所畏惧地参与竞争,积极地迎接对手的挑战。正因如此,他们不断地获得了成长和强大,为成功打好了坚实的基础。

对手,就是成就我们成功的另一只手。面对对手,最好的办法就是相信自己,敢于迎接挑战,积极备战。唯有如此,我们才能成就不凡的事业,成为人生的最大赢家。

■ 最美好的竞争,应该是双赢

"双赢"是现在人与人相处、团队与团队相处,乃至行业与行业相处所公认的一种理想局面。只是对此,更多的人认为共赢只会存在于和自己合作伙伴之间,而和竞争对手之间往往是"不是你死,就是我亡",是绝不会和"共赢"沾上边的。

事实果真如此吗?

答案是否定的。虽然竞争是自然法则,但并不是说竞争就必须有输有赢,有竞争就不能合作。如果一味地竞争,非要分个胜负,结果往往只有一个,那就是鱼死网破、两败俱伤。其实,最美好的竞争就是双赢——简单来说,让竞争的双方都得到合理的利益，都有饭吃。

曾经听过这样一个故事：一位非常喜欢戏剧的富翁A，在一处并不热闹的郊区兴建了一座高水准的剧场。剧场内设施豪华，建筑讲究，他还时常邀请著名的戏剧团来表演。一时间，城里所有喜欢戏剧的观众趋之若鹜，也顾不上路途遥远了。

富翁A又开始兴建其他娱乐设施，以满足不同顾客的需要，于是，剧场附近有了一家家餐馆、旅店、百货商店。就这样，这偏远的郊区慢慢地变得繁华起来

另一位富翁B也看到了商机，想要在这里建造一座最大的百货商店，里面剧场、电影院、咖啡厅一应俱全。

这下，富翁A内心感觉不平衡了，心想，我辛辛苦苦地建造了这么一座非凡的剧场，让这个地区开始变得繁华起来，而你却在这个时候想要建商场、开剧院，坐收渔人之利——你来了，我怎么赚钱？这岂不是太便宜你了吗？我不能让你得逞，不能让自己多一个对手！

于是，富翁A开始散布一些谣言，说富翁B买的地的风水不好，之前出现过很多问题。这样一来，富翁B的商场自然是建不成了。富翁A原以为自己的计谋得逞了，可没想到却害了自己，因为他的谣言使得经营其他饭馆、旅馆、百货商店的人也纷纷搬走了，人们也不敢再来他的剧院看戏。这个地方往日的繁华又不见了，富翁A的剧院也从之前的座无虚席到现在的门可罗雀。

最后，富翁A才想通了，是他的剧场给这个地区带来

了繁华，但也是附近的商家给他带来了源源不断的客流。如果没有这些商家给客人提供便利，也不会有那么多客人愿意前来，所以自己与其他人都是双赢的关系。可是，自己却为了私利，为了消灭潜在的竞争对手，把自己与另一位富翁 B 的竞争和共赢关系变成了对抗和敌对关系，结果造成了"双输"的局面。

说到底，不管在商场还是生活中，对抗和敌对都不应该是现代人的主题。我们应该改变自己的思维，把对抗和敌对变为合作、共赢，把"一定要对方输"改为"双方都赢"。因为从某种意义上来说，我们的目的并不是打垮对方，而是发展自己。

竞争是辩证的，它导演着一幕幕胜利者喜剧的同时，也在无情地谱就着一曲曲失败者的悲歌。毋庸置疑，既是对手，便有竞争。而最好的竞争，不是打倒对方，而是实现双方的共赢。正如印度尼西亚著名华人银行家李文正所说："如果双方是为了利益而争斗不休，那么生意就不会稳定，即使双方需要谈判，最好的结果也不是一定要分出胜负，而是双方皆大欢喜。"

所以，我们不要随便把对手视为敌人或仇人。只有带着这样的思维方式和习惯，我们才可以冷静地观察对手，并客观地审视自己；只有这样，我们才能通过和对手交手的过程，学习更多有价值的东西。

不过不无遗憾的是，很多人还做不到这一点。这是因为，对手和敌人往往只有一线之隔，甚至是一体两面，所以在多数人眼中，对手是很容易被视为仇人的一类。这样，我们会不自觉地带着各种情绪来看待对手，心里油然而生这样的想法：对手就是想置我于死地的人，怎么能让他赢呢？怎么能跟他合作呢？

实际上，越是敌人和对手，他们身上可供我们学的东西越多。要知道，合作共赢远远比争斗更合算，比争斗更有智慧。商场上如此，职场上也是如此，生活中更是如此。

当然，共赢并不只是一团和气，而因此忽视了竞争。从长远的发展考虑，与对手进行有效的合作，在合作的基础上相互竞争，你赢我也不输，难道不是最好的选择吗？

■ 找个竞争对手，逼你越战越勇

一个人，一个企业，一个行业，如果没有伙伴会觉得孤独，在前进的道路上就缺少了帮衬和支持。同样，如果没有一个实力相当的对手，则会显得更加孤独。从某种程度上说，两个对手之间是相斗相亲、互相促进的关系。只有重视对手的存在，才会让我们感到有危机感、紧迫感，一直向着更好的方向努力奋斗，生怕哪一天被对手超越。

可是，如果一个人长期处于一种没有对手的状态，那么竞争意识就会逐渐淡薄，努力的激情就会慢慢消散。因此，如果我们想尽快走上成功的道路，就必须为自己找一个对手，让对手在我们前后左右"盯紧"自己，这样我们的潜能才会得到更大限度的发挥，在前进的道路上越战越勇。

作为某个大城市中的两家电器经销商，他们是通过几年来在和诸多电器经销商或明或暗的激烈较量中脱颖而出的。现在，这两家又成为了最强硬的竞争对手。

3年前，A经销商为了增强竞争力，采取了极度扩张的经营策略，通过大量地收购、兼并各小电器商铺，并在各市县发展连锁店等形式，让自己的地盘越来越大，但结果并不理想。由于实际操作中有所失误，导致信贷资金比例过大，经营包袱过重，这样一来，其市场业绩呈现不升反降的态势。

此时，很多业内外人士纷纷向B经销商提出"中肯"的建议——乘此大好时机，不妨主动出击，一举彻底击败A，让他独享电器市场这块大蛋糕。

没想到，B经销商只是微微一笑，并没有采纳众人提出的建议。

更出乎众人意料的是，在A最危难的时候，B主动伸出了援手，筹措资金帮助A渡过难关。

在B的帮助和A的自身努力下，A的经营状况日益好转，逐渐地，又给B施加起经营压力来，二者又成为强有力的竞争对手。

这时候，有人"打抱不平"：B真是心慈手软，现在好了吧，人家A强大了，又跟他竞争了……对此，B经销商毫无悔意，他稳扎稳打，招纳贤才，并通过多种方式调动员工的拼搏进取精神，丝毫不敢懈怠。

就这样，A和B在激烈的市场竞争中，既是朋友又是对手，双方相互较量着。由此导致损失的同时，双方获得的却是更大的收益。

几年之后，A和B都成了全国赫赫有名的行业翘楚。

事后在接受媒体采访时，当记者问及B当年的"非常之举"时，他一脸平淡：打败一个对手有时候不是一件很难的事，但如果缺少竞争对手却是很乏味的。企业之所以能够不断发展壮大，很大程度上应该感谢对手给我们施加的压力。如果没有这些压力，我们就会失去战胜困难、克敌制胜的动力，在残酷的市场竞争中也就难以站稳脚跟了。

事实上，的确如B经销商所说的，如果没有竞争对手施加的压力，我们就会失去战胜困难的动力。如果没有对手紧紧地"盯着"自己，我们奋斗的激情就会逐渐消退，生命机能也就会不断萎缩。最终的结果只能是，我们越来越懈怠，越来越懒散，庸碌地度过一生。

只有对手在一旁不断地逼迫我们，给我们施加压力，我们的生命才能越来越有活力，生活和工作才能越来越有激情和动力，从而更容易获得事业的成功，攀上人生中高峰——就像两匹齐头并进的赛马一样，没有其中一匹的追赶和逼迫，另一匹或许永远无法跑出令人惊叹的成绩；就像运动场上的运动员一样，没有其他对手给予的压力，他们或许永远不能打破世界纪录。

换句话说，没有一个强大的竞争对手在身边，我们往往永远看不出自己的价值，激发不出自己真正的潜力。就像古人所说的："下棋要找高手，弄斧须到班门。"因此，要想让自己的事业和人生迈入更高的台阶，我们需要坦然积极地面对自己的对手，并且给自己找一个强大的对手，逼自己越战越勇。

一直以来，两大快餐巨头麦当劳和肯德基的争斗似乎从未停止。但它们争斗的结果之一，也是一个非常重要的结果，就是把全世界的目光都吸引到了它们那里。我们经常看到，哪里有麦当劳，附近就会有肯德基。同样，哪里开了家肯德基，那里就会开家麦当劳。这样竞争的结果，是诸多大大小小冒出来的快餐品牌最终只得黯淡地出现在角落里，站在舞台的中央只有"麦肯"两位主角。

很多时候，我们对对手的理解有些狭隘。其实，对手不仅仅指的是某一个人或单位，在广阔的世界上，凡是存在对立关系的都可以称为竞争对手。我们的生活，也正因为种种竞争对手的存在而越发精彩。

对黑夜来说，白天是它的对手，但它们共同促成昼夜交替，让人们日出而作、日落而息；对生存来说，死亡是它的对手，但二者却神奇地演绎着生命的轮回；对我们自身来说，昨天的自己和今天的自己也是竞争对手，前者让后者不断前进，一天比一天优秀……

总而言之，对手是我们的"敌人"，他让我们在成功的道路上遇到麻烦和艰难。但更为重要的是，对手是我们的朋友，可以帮助我们看到自己的优势，发现自己的不足，不断提升自己，让自己变得越来越强大。

所以，我们要寻找一个"紧盯"自己的对手，在前进的道路上不断地刺激和逼迫自己。如此，我们才不会越来越懈怠、消极，生活才不会因为缺乏动力而消沉，也才会在成功的道路上渐行渐远。

■ **对手越优秀，我们越强大**

有人说，对手的高度，往往决定自己的高度；对手越强大，我们往往也就越强大。所以，要想成为真正的强者，我们就应该用积极的心态来面对自己的对手，并敢于向最优秀的对手进行挑战。

或许有人会说，这样做是不是太傻了。对手越优秀，给你带来的阻力就越大，你成功的进程就会变得缓慢，这不是自己给自己找罪受吗？

事实确实如此。可这些人并没有意识到，正是因为对手优秀、能力强，我们才可以在与其不断的较量和周旋中增强自己的能力，磨炼自己的意志，越来越经得起考验，越来越有所作为。如果你找了一个平庸的对手，可以轻易地打败他，但打败他之后呢？你有进步吗？你的能力有所提高吗？不！如果你习惯了找平庸的对手，胜利得太容易，不仅会让自己的能力减弱，还容易使自己产生骄傲自满的情绪，认不清自己的实力。之后，一旦遇到强大的对手，你就会一败涂地。

古今中外，哪一个有着"伟人"之称的人，不是通过与对手的较量而取得巨大成就的呢？

如果不是因为对手的出现，菲洛·法恩斯恐怕不会以最快的速度研究完善电视机的原理图，从而让电视机的问世时间提前；如果不是因为耳聋这个竞争对手，贝多芬或许不会用声音的振动原理完成乐谱，成为一个"扼住命运咽喉的人"；如果不是坎坷的仕途这个竞争对手，苏东坡的文学天赋或许就不会发挥得淋漓尽致，我们也就读不到"大江东去，浪淘尽，千古风流人物"的万丈豪情了。

给自己挑一个优秀的对手，他就是我们越来越强大的助推器，是成就我们自己的最大动力。因为，越优秀的对手越容易使我们变得强大。

几年前，费明是一位在某金融公司做助理研究员的普通职员。他有一个爱"挑刺儿"的主管，总是动不动就挑剔费明这儿不好，那儿不对，处处刁难他。更过分的是，主管有时候周末邀请办公室其他同事一起去酒吧，总是"忘掉"费明。

费明对此总是在心里默默一笑，然后给自己不断地打气，有时也会特意去更高档的酒吧，比主管还享受。这位主管为了让费明难堪，工作中特意为他设置了各种障碍。

对此，他没有生气，而是不断努力，不断进步。

现在，费明因为业务精湛，已经跳槽到同行业中排名前三的那家金融公司任部门主管了，主要做管理和顾问工作，不再做基础工作了。

在费明看来，幸亏当时主管那样对待自己，否则自己可能还是个普通职员。正是这位主管的态度，逼迫他走出了一条康庄大道。

可以说，一个人有多大的胸襟，他就会有多高的成就——争得了一时不重要，争得了一世才重要。所以，在生活和工作中，我们不要怕那些比自己优秀、处处压制自己的人，恰恰是他们的存在才让我们越来越优秀、强大。

不可否认，一个人的成长和发展离不开朋友，但同时也不要忘了对手的重要性，尤其是那些比自己更优秀的对手。如果我们善于利用来自对手的刺激，就会学到更多、更重要的工作技巧和方法。

任何一个聪明的人，都会对来自优秀对手的压力表示感激，而并不是怨恨。他们知道，对方越是优秀，自己就会变得越强大，达到的高度也就越高。这种比较所带来的压力，促使我们时时刻刻处于一种危机感中，促使我们不断地向更高处攀登。

对手是存在于我们周围的某个人或者某些人，可能是我们的同事，也可能是我们的朋友，或是同一领域中的陌生人。但不管怎样，我们都不能把对手单单看作敌人，而应该认识到，他们在一定程度上激发了我们的潜质。而且，对手越优秀、强大，给我们带来的助推作用就会越大。

在第 27 届奥运会上，我国乒乓健将孔令辉在男子乒乓球单打决赛中，以 3∶2 艰难地战胜了瓦尔德内尔，拿到了冠军。就在全国人民为之欢呼雀跃的时候，主持人却说了一句让我们难忘的话：我们感谢瓦尔德内尔。

的确，正如这位主持人所说的，正是由于有瓦尔德内尔这样一个优秀对手存在，才让称雄世界乒坛的中国有了"棋逢对手，将遇良才"的感受。在与这样的对手对抗的过程中，运动员不断地苦练球技，琢磨战术，才使得中国乒乓球再上一个大的台阶。所以，我们必须要感谢那些优秀的对手，是他们让我们变得强大了起来。

还有一个大家都熟悉的著名案例：动物学家对生活在非洲大草原奥兰治河两岸的羚羊群进行研究发现，东岸羚羊的繁殖能力比西岸的强，奔跑速度也不一样，平均每一分钟要比西岸的快 13 米。

几经努力研究，动物学家才明白：东岸的羚羊之所以强健，是因为它们附近生活着一个狼群；西岸的羚羊之所以弱小，是因为没有一群强大天敌的存在。

所以，面对比自己优秀的对手，不要排斥和仇恨，更不要消极对待，而要勇敢地向他们提出挑战，努力地想办法战胜他们。不管结果是赢了还是输了，我们都会有所收获，那就是让自己变得更优秀、更强大。

Chapter 9
对家人,足够宽容
——别再苛责,请像爱自己一样爱他们

■ 没有欣赏,就没有地老天荒

两个人的世界,这是每一对热恋中的男女和新婚夫妇无比享受的。要想经营好一份感情,我们就必须学会相互欣赏。因为只有彼此欣赏对方,才能看到对方的优点和美好;只有欣赏对方,才能给予对方肯定和支持,让彼此的爱更深更浓,一起携手迈向地老天荒。

对于这一点,其实绝大多数人会持认同态度,但有时我们的欣赏范围却过于"狭小"。欣赏对方,不一定就是对方的才貌,因为容颜会老,才能会退化。欣赏应是多方面的,或禀性温柔,或气质高雅,或勤劳朴实,或

幽默风趣……只要善于挖掘对方的优点，你就会感到：原来对方是这么优秀！

相信在这种心态下，对方也会立即表现出自己的爱意，让你们之间的好感愈发浓烈，感情羡煞旁人。

乔墨菲今年已经40岁了，和丈夫一起生活在美国。可突然有一天，她做了一件骇人听闻的事情：她在一份报纸上刊登了一则广告，广告的标题居然是——廉价出售丈夫一名！

乔墨菲这么做并非玩笑，她真的想要把丈夫出售。因为她感到丈夫身上有太多的毛病，只喜欢旅游、打猎和钓鱼，每年从4月开始就离开家外出去钓鱼或探险，这让乔墨菲感到十分苦恼和厌烦。

正因如此，乔墨菲感到非常孤独，声称不再欣赏她的丈夫，要廉价卖掉他，还有许多赠品。广告上是这样说的：收购我丈夫的人，可以免费获得全套打猎和钓鱼装备以及丈夫送给她的长裙一条、长筒胶靴一双、T恤衫两件，还有纯种阿拉斯加雪橇狗一只。另外，再包括自制的晒干野味50磅！

当这则广告散播出去后，很快就有人主动联系了她。乔墨菲感到十分诧异：这样糟糕的男人，居然还有人要！

更让乔墨菲感到意外的是，在第二天她总共接到60多个女士打来的电话，而且其中有20位以上居然是诚心诚意地想"收购"她的丈夫。

乔墨菲感到不可思议，于是问起这些人的想法。她们阐述了自己的理由：有的说这位先生是个具备冒险精神的人；有的说他一定是个真正的勇士，会令她十分有安全感；有的认为，这样的人热爱大自然；有的说和他一同生活一定十分欢乐，这样的男人一定十分有生活情趣，她向往悠闲自在的生活方式……

各位女士的话，让乔墨菲一时不知说什么好。于是，她开始琢磨那些女人的理由。这时她猛然发现，自己的丈夫居然有这么大的魅力——他的优点简直可以说无处不在，而自己却一直不曾细心体会。

想到这里，乔墨菲意识到其实仔细想想，自己的丈夫并非想象中的那么一事无成。还好，一切都来得及，她还没有答应那些女人把自己的丈夫"卖"给她们，否则一定会抱憾终生。于是，第二天她又在这家报纸上补登了一则广告："因种种原因，廉价转让事宜取消！"

过了几天，乔墨菲的丈夫从外地归来。当他知道自己差点被太太当作商品出售的时候，实在是被她那可爱的行为弄得哭笑不得，他无奈地问："为什么又不打算卖了呢？"

这时候，乔墨菲脸一红，温柔地说："如果把你卖出去，我可能再也买不到一个更优秀的丈夫回来了。"说完，两人相拥而笑，幸福充满了整个屋子。

当乔墨菲开始学着欣赏丈夫的时候，她发现原来丈夫并非自己想象的那么不堪，反而意识到他是一个优秀的人。

试想，如果她不懂得欣赏丈夫，这份感情还会留住吗？甚至她还会因此遭到别人的嘲笑，嘲笑她是个"慷慨大方"的人。当然，正是因为她开始学会了欣赏丈夫，她的丈夫也立刻表现出了浓烈的爱，使这个家变得更加幸福。

所以，爱一个人，首先应该欣赏他。欣赏他，才能发掘出他的优点，包容他的缺点。即便这个人不是那么的完美，有一些缺点和不足，但因为你是用欣赏的眼光而不是挑剔的眼光看待他，所以那份爱并不会减轻。

没有欣赏，即便是再完美的爱人，也无法地老天荒；没有爱人，即便是再美好的爱情，也有枯萎的一天。要想让你的那份感情永不降温，自己在伴侣的眼中都是美好的，那么我们就一定要学会欣赏对方。

当然，欣赏是相互的，如果只有一方欣赏对方，而另一方却无动于衷，那么夫妻恩爱也就无从谈起了。

其实，欣赏对方并不难做到，看到对方的优点就给予赞美，看到对方的进步就给予肯定。当你用欣赏的眼光看待自己的伴侣时，对方也会感受到你的爱，让你们的爱情更加深厚浓烈。

"十年修来同船渡，百年方得共枕眠。"不要总是用挑剔的眼光来看待爱人，也不要总是抱怨对方的不足。要知道，这些都是爱情和婚姻的杀手，会让你们的爱迅速走向坟墓。学会欣赏自己的爱人，让他感受到你的赞美和肯定，如此，你们才能幸福美满、地老天荒。

■ 像爱自己一样，爱你的爱人

有人说，爱是一种能力。

的确，但凡爱情甜蜜、生活幸福的人，大多是肯在经营感情上花心思的，懂得如何表达和表现自己，懂得如何去对待自己所爱的人。

一位西方哲人说过这样一句话："与魔鬼搏斗的人，应当留心在这个过程中自己不要变成魔鬼；当你长久注视深渊的时候，深渊也正在注视着你。"同样，当你为别人考虑的时候，别人也同样在考虑着你。对待爱人亦是如此，我们应该像爱自己一样，爱自己的爱人。

然而，每个人都有这样的天性：不管自己是好是坏，不管自己有什么缺点和不足，我们都能做到尽量容忍自己。可面对自己的爱人，就不那么宽容了。因为做不到爱自己的爱人如同爱自己一样，我们总是挑剔自己的爱人，即便是一个小缺点，也会被放大；因为做不到爱自己的爱人如同爱自己一样，我们总是无法宽容爱人的过错，即便是一点小错误，也会斤斤计较。

或许我们深爱自己的爱人，但却不能设身处地、感同身受。胡适和陈衡哲就是因为不能像爱自己一样爱对方，缺乏包容、妥协而没能结成眷属，成为人生的遗憾。

胡适对陈衡哲有感情，陈衡哲也已心有所感，但胡适一直没有发出示爱的信号。陈衡哲是一名典型的东方女子，自小受到传统礼教的熏陶，再加上少女所固有的矜持，无论如何也做不出凰求凤的事来。

可胡适呢？他敬陈衡哲犹如神明一般。他觉得要是向她求爱，无异于嘲笑她的独身主义——对一个抱有独身主义的女子求爱，如同向一个修女求爱，甚至存有这种念头都是不圣洁的，是对陈衡哲的一种亵渎。

两个相爱的人，中间好像隔着一张纸，因为彼此谁也无法向对方和传统妥协，谁也不愿意先站出来将窗户纸挑破，一旦于踌躇间错过，再回首已是百年。

卢梭说："一个人对别人不承担义务，那么别人对他也不会承担任何义务。"同样，一个人要想获得别人的爱，首先要主动去爱别人。要想别人等他，他首先要去等别人。

柏拉图著名的麦穗原理，强调的就是这种妥协："假如你用一生去等待，你必定能找到你所找的那个人，但你愿意用一生去等待吗？既然你不愿意，那么请你珍惜手中握住的这一根麦穗吧！"不难看出，爱人之间如果不能设身处地地为对方着想，相互包容，就无法进行磨合，最终只会一个向左走，一个向右走。

其实，像爱自己一样爱对方非常简单，就是互相包容，而不是苛责和抱怨。

比如，跟爱人约会迟到了，要在第一时间向对方说抱歉，而不要解释说堵车等。即使真的是因为路上出现交通事故造成严重堵车，也不要拿来为自己的迟到开脱，因为你应该预计到会出现堵车的情况，就应该提前出发。

懂得爱的人，绝不会把爱人的错误记在心上，并且很长时间也不会把它忘掉；同样，也不会忽略自己的错误和缺点，不肯承认和反省。他们会设身处地为爱人着想，给予爱人最大的包容。

在对待差错的时候，他们总是会先检讨自己错在哪里，而很少去找一些"客观理由"。只有先从自己身上找原因，才会避免犯同样的错误。如果出现差错，首先就强调客观因素，而不做自我批评，甚至推诿、抵赖，这些只会为自己开脱的人，只能错上加错，误人误己。

要是有人想抨击他们，他们会在遭到抨击之前先自责；要是有人想暗算他们，他们会在遭到暗算之前就先躺下……千万不要以为这样做很傻，其实不然，这才是真正的智者。

因为在自责的时候，那个原想抨击你的人，没准会说出宽慰你的话；就在躺下的时候，那个本来想暗算你的人，没准会上前把你扶起来。

这个世界上，爱得死去活来的人并不多，真正能白头到老的有情人，往往并不是轰轰烈烈的爱人，而是那些懂得包容对方的人，是那些爱对方胜过爱自己的人。爱情是相知相守，是相依相携——当一个人比爱自己还爱自己的爱人的时候，这份爱情就已经血肉相连无法分开了。

爱情是需要经营和呵护的，并不是从民政局拿到"一张红纸"之后就认为万事大吉了,也不是把喜欢的人"拿下"就可以坐享其成了。如果想让爱情之花永远灿烂,让爱情的浓度越来越浓郁,我们就应该不吝惜自己的付出,把我们的爱无私地奉献出来,像包容自己一样包容爱人,像爱自己一样爱着对方。

■ 挑剔是家庭生活的大忌

有句俗话叫"金无足赤,人无完人",说的是没有金子是百分之百"纯"的,也没有人是百分之百"完美"的。同时,我们还常听到这样一句话,即"没有遗憾的人生,才最遗憾"。

我们暂且不去讨论存不存在没有遗憾的人生,单就这句话而言,可以看出人生是需要"遗憾"的。

其实,这不难理解,试想一下,如果没有"惆怅阶前红牡丹,晚来唯有几枝残"的遗憾,怎么会有古人夜里秉烛赏花的美感呢?

就好比很多时候,我们总是遗憾美梦没能成真,岂不知,如果所有的梦想都实现了,我们活着的意义也就淡然无味了。

感情和婚姻也是如此。进入婚姻的两个人,生活的时间久了,很多缺点也会暴露于彼此的眼皮子底下。况且,生活的琐事那么多,承受的压力那么大,每个人都难免有疏忽和大意的时候，做出错误的事情，难免烦躁和愤怒，忍不住发一通脾气。但即便如此，婚姻生活大体也是和睦、美满的。我们没必要苛求完美，无法容忍对方的缺点和错误，否则婚姻只能陷入不幸。

换个角度来说，正是因为彼此都不是完美的，所以，我们的生活才会如此精彩、丰富，婚姻和爱情中的缺憾才能互补。如果一个人总是拿放大镜看对方的缺点，不断地挑剔对方，只能把婚姻推入坟墓。

曾晓芸是个温婉贤淑的女子，周围的人对她的评价是精明能干、贤妻良母。可以说，她是家里家外的一把好手。可是，她的老公孙威却有些挑刺，凡事都会看到曾晓芸做得不好的一面，而不去关注她做得好的地方。

比如，曾晓芸为了给孩子记录成长日记，花费很多精力建了博客，并利用中午或者晚上的时间做一些记录。可是，孙威有一次发现曾晓芸把孩子成长过程中的一件很重要的事给忘记了，就表现出不满来。他认为，只要承担给孩子记录博客的责任，就要把它完成好，特别是一些重要事情更是不能有丝毫疏忽。

再如，曾晓芸喜欢打麻将，有时候会招呼邻居到他们家来玩。如果邻居走后，曾晓芸没有把房间收拾回原来的样子，孙威就会大发雷霆。他会数落妻子。"如果不能及时把房间收拾好，以后就不要打麻将了。"有时嘴里还不停地唠叨"打麻将有什么好处"之类的话。

面对这样一个爱挑剔的丈夫，曾晓芸很是无奈。可是，她一想到丈夫对家、对孩子认真负责的态度，就觉得可以包容他，只是自己心里承受了很多的苦楚。

不可否认，曾晓芸有一定的缺点和做得不好的地方，但她一直努力在做一个好妈妈、好妻子，为经营这个家而努力。但丈夫并没有看到妻子的付出和努力，反而百般挑剔、指责，甚至是谩骂。试想，这样的婚姻生活怎么能幸福长久？

生活中的确有一些丈夫或者妻子过分挑剔对方，他们苛求完美，对自己严格要求的同时，也要求对方完全达到自己的预期。如果达不到，他们心里就会产生落差，从而对对方报以冷言冷语。可是，对于婚姻来说，经营才是最重要的；对于家人来说，包容才是最重要的。只有好好地经营家庭，包容彼此，婚姻才能越来越美满。

挑剔，其实是婚姻中最大的杀手，是家庭生活的大忌。如果不停地指责对方，挑剔对方，不仅会伤害对方的感情，还会让婚姻陷入无休息的争论，陷入无望的结局。

没有人是没有缺点的，没有任何婚姻是毫无瑕疵的。既然你选择对方进入家庭生活，就应该彼此欣赏，彼此包容，而不是整天瞪着眼睛去看对方的缺点——我们都可以包容和善待别人，甚至是素不相识的人，为什么就不能包容和善待自己的爱人和亲人呢？

有个很耐人寻味的故事，我们可以一起来看一看：

一个渔夫到大海里撒网捕鱼。有一天，他竟然捞上来一颗晶莹圆润的珍珠。渔夫高兴极了，反反复复、仔仔细细地端详着这颗珍珠，爱不释手。

看着看着，渔夫觉得有点不对劲。原来，他发现这颗珍珠上面有一个很小的黑点。正是这个小黑点，让渔夫本来激动的心一下子冷却下来。

为了去掉这个小黑点，渔夫不停地磨珍珠，黑点一点点地被磨掉，可珍珠也慢慢地变小了。直到黑点被完全磨去，珍珠也不复存在了。

看到这里，我们不禁为这个渔夫感到遗憾，甚至觉得他好傻。

其实，在婚姻中挑剔对方的人和这位渔夫没什么区别。原本可以获得一定的成果，获得美好的婚姻生活，却因为过于挑剔而导致一无所获。这时候遗憾，是不是比当初"黑点"所带来的遗憾高出一千倍、一万倍呢？

一位作家说得好："生活是由幸福和痛苦组成的一串念珠。"是啊，构成我们生活的不会只有幸福，也不会只有痛苦，我们的感情也是如此。

也许你的爱人不够漂亮，但却是职场上的一把好手；也许你的爱人没有太多钱财，但却懂得体贴和温存……如果我们总是用挑剔的眼光看待对方，盯着对方的不足，我们就会因为眼里看到的就是那个和自己的理想相去甚远的对象，陷入理想幻灭的抱怨、痛苦中，无法真诚地对待对方。相反，如果我们多看对方的优点，学着欣赏对方，就会因为眼里看到的那个人比自己想象的要美好得多，从而感到满足和幸福，更加珍惜和爱对方。

因此，我们不要苛求完美，更不要百般挑剔，而应以豁达的心态包容对方的不足，不仅爱他的优点，也能接受他的缺点。这样的爱才是成熟的爱，才是智慧的爱；这样的婚姻才是美满的婚姻，才是幸福长久的婚姻。

■ 赏识是孩子最需要的精神粮食

著名心理学家桑代克认为，赏识、奖励能加强行为，惩罚则会减弱行为，两者的作用是对应的。

这是很简单的一句话，却值得我们学习。作为父母，我们应该多赏识和夸奖孩子，因为这是孩子最需要的精神食粮，是孩子增加自信、不断进步的动力。

就精神生活而言，每个幼小的生命似乎都是为了得到赏识而来到这个世界的。他们中的任何一个，都不想为了挨骂而活着。

其实，不用说幼小的孩子，即使我们成年人，不也都愿意自己的领导、朋友、家人能够表扬和夸赞自己吗？我们也愿意和这样的人一起工作，一起生活。如果自己面对的是一个成天横挑鼻子竖挑眼的主儿，我们只能敬而远之，甚至逃之夭夭了。

孩子的心智还不成熟,身心还不健全,过多的批评和指责,会让他对自己的认识出现偏差,认为自己就如同别人说的那么差,觉得自己真的一无是处,从而导致自卑、怯懦、无能的消极情绪侵袭内心,造成终生的心理伤害。所以,我们要多赏识孩子,多给他以赞美和鼓励。当他们从周围人那里获得的多是积极、肯定的评价,他们就会觉得自己能行,就会在生活中树立起信心。

两相比较,哪种孩子更有出息,恐怕一目了然吧!

聪聪放学后慢慢腾腾地往家走,同学皮皮拉着他说:"聪聪,你怎么了,垂头丧气的。"

皮皮是聪聪的好朋友,两个孩子从小在一个幼儿园上学,现在读小学了又是同学,关系非常要好。聪聪说:"你怎么一点都不在乎?今天宣布期中考试的成绩,我数学还是没及格,考了55分,回家又要遭受妈妈'轰炸'了。我最怕我妈批评我。"

皮皮笑着说:"你可真胆小,你的数学不是一直不好吗?我记得你以前都是30多分,和我的语文成绩差不多,你妈妈应该都习惯了。我这次语文考了47分,嘿嘿,比以前进步了呢,下次我要争取及格。"

聪聪回家后对妈妈说了考试的情况,妈妈表情里有"恨铁不成钢"的气愤和埋怨,也有点哀伤。她说:"聪聪,你什么时候能给妈妈争口气啊?你的数学成绩一个学期多了从来没及格过,除了30多分就是50多分,你比别人笨吗？我看你就是懒惰，学习不认真。你看看舅舅家的表弟，人家还比你小呢，每次考试都是班上的前三名。现在社会竞争压力特别大，你不用功学习，努力考个好大学，以后后悔都来不及了啊！"

聪聪不耐烦地听着妈妈的话，这些话他已经能背下来了。每次妈妈批评他都是这些，除了和舅舅家的表弟比较，就是以后如何。

看着妈妈还要说下去，他小声地反驳道："妈妈，我最近一直在努力学数学，而且，这次考试我进步了挺多呢！人家皮皮的语文成绩也不及格，他爸爸妈妈还夸奖他有进步了呢！"

妈妈的"轰炸"终于来了，她生气地指着聪聪说："你还知道辩解了！考试不及格，你还有理了？我和你爸爸辛苦供你上学，你看你的那点分数，对得起我们吗？你怎么不跟学习好的孩子比呢？要我夸奖你，你也得有值得我们夸奖的地方……"

聪聪此刻只能低着头，默默地接受"暴风雨"。

我们知道，聪聪的妈妈批评和责骂他，是为了他好，是想让他获得进步。但显然，这种方式是错误的。正是因为妈妈的这种批评和否定式教育，才使得孩子越来越没有自信，成绩越来越差。

事实上，每个孩子都有可取之处，他们每天都在争取或大或小的进步。能否将这些进步持续下去、扩大下去，从而建立起自信心去取得更大的成绩，是决定孩子能否取得成功的"量的积累"。这要看父母用什么样的方式来教育孩子。如果父母时常给予孩子赏识，那么他的进步就会越来越大，所取得的成绩也会越来越好；可如果像聪聪父母一样，孩子的成绩估计很难有起色了。

孩子无法做到十全十美，但我们一定要看到他的每一个闪光点、每一点进步，用赏识的眼光去支持他、激励他。清代的颜无先生就是一位深谙教育心理"适时夸奖"之妙的教育家，他留下的那句名言——"数子十过，不如奖子一长"，实在是值得令我们咀嚼、体味。

作为父母，我们没有任何理由对孩子说泄气的话，因为在孩子的心里，他们极其渴望父母发现自己身上的闪光点，为自己加油助威。所以，哪怕跌倒一千次，我们也要坚信孩子在第一千零一次能站起来，争取更大的胜利。

可以说，赏识就是孩子无形生命中的阳光、空气和水，是他们最需要的精神粮食。缺乏了它的滋养，孩子就会像缺少阳光、空气和水的植物一样，只会慢慢地枯萎。

因此，请父母记住：没有赏识，就没有孩子美好的未来，请给予孩子更多的赏识和肯定吧！

■ 把眼睛放在孩子的潜力和优势上

"每一个孩子都是天才，每一个孩子都拥有巨大的潜能。"一位教育学家如是说。然而，作为父母的我们却常常不相信自己的孩子，认为他们事事不如别人，一无是处。

事实真的如此吗？不，并不如此。

尽管每个孩子身上都有一些缺点，比如淘气、胆小、鲁莽等，但他们身上还有很多优点和长处；尽管一个孩子目前的能力有些不如他人，成绩不是太理想，但每个人都是天才，拥有巨大的潜力。

孩子们身上都存在着无穷无尽的潜力，就好像一座急待开采的金矿。作为父母，我们不应该只看到孩子身上的不足和缺陷，而应该发掘他的潜力和优势。当我们发现了他的潜力和优势，不断地鼓励和激发他，孩子就会像金子一样散发出闪闪光芒。

正如德国著名教育家斯普朗格所说："教育的最终目的不是传授已有的东西，而是要把别人的创造力诱导出来，将生命感、价值感唤醒。每个孩子都有不同的灵性，每个孩子都是正在不断进步的个体，教育的核心所在就是去唤醒。"

平金涛的儿子今年8岁了，平时他就是一个爱捣乱的小"破坏王"，什么东西到他的手里就没能完好地超过两天。平金涛的妻子对孩子的这个毛病很是头疼，但平金涛却很乐意给儿子买很多玩具，鼓励他拆。妻子不理解丈夫的做法，认为这是在惯孩子，可平金涛还是照买不误。

起初妻子很不理解，后来平金涛给她解释了儿子为什么喜欢拆东西。原来，小家伙在得到一个新玩具之后，总是很奇怪：小车为什么能自己跑；变形金刚为什么能发出声音；钟表为什么会走……最后，他居然连爸爸最喜欢的闹钟都给拆了，但怎么也装不回去。后来，平金涛就自己找了个修表的师傅把坏了的表给修好了。

但是，平金涛从来不生气，儿子拆完东西后弄不明白的，他还给予指导。在他的指导下，他的儿子变得越来越聪明，连机械的基本原理都弄明白了，还说自己长大了要当一名工程师。

其实，每个孩子都有许多优点。有的孩子可能在美术方面擅长一些，有的孩子可能在音乐方面擅长一些，还有的孩子喜欢自己做一些小东西、帮助别人等。无论孩子在哪一方面比较擅长，这都算作他的优点。只不过，有些家长由于工作忙，没有时间和孩子多接触，所以忽视了孩子的一些优点。还有些家长，总是用有色眼光来看待孩子，给孩子贴上"笨""不聪明""淘气""爱闹"的标签，不愿意发现和发掘孩子的优点和潜力。这样的父母是失职的，培养出来的孩子只能是平淡无奇的。因为在这个过程中，父母在不知不觉中扼杀了孩子的潜质，抹杀掉了他身上本来就具有的优势。所以，作为父母，我们要做的就是仔细地观察孩子，发现他身上存在的优点。

正如一位儿童教育家所说：每个孩子至少存在十大优点。如果能发现10个，你就是一个优秀的父母；如果能发现5个，你就是一个及格的父母；如果一个都发现不了，那么你就该下岗了，急需岗前培训。

所以，望子成龙、望女成凤的父母们，不要认为自己的孩子天生愚笨，更不要埋怨自己的孩子不如别人。事实上，没有天生愚笨的孩子，只有潜能没有被开发出来的孩子。把眼光放在孩子的潜力和优势上，充分发掘孩子的潜力，增强孩子的优势，他们一定会成为可造之才！

■ 别让"比较"扎伤孩子的心

或许现代家庭多是独生子女导致关注焦点过于集中的缘故，或许是因为社会竞争激烈、残酷，很多妈妈将那句"不能让孩子输在起跑线上"奉为圭臬，时时处处怕自己的孩子落于人后。这种心理状态直接衍生出了一种行为模式，即攀比。

如果注意一下，我们会发现这样一些现象：在与别的孩子比较的过程中，如果自己的孩子更优秀，妈妈就会很得意；如果自己的孩子不如其他孩子，妈妈就会严厉地要求孩子向别人看齐，丝毫不在乎孩子的心理感受。

或许父母会说，他拿孩子跟其他孩子做比较，是想要让孩子知道他与别人的差距，明白自己的缺点和不足。只有明白了这些，孩子才能积极努力，追赶和超越别人，变得越来越优秀。

可是，父母应该要知道，你的比较不仅不利于激发孩子的上进心，还可能扎伤孩子的心，使得孩子幼小的心灵受到极大的伤害。他们强烈地渴望得到父母的肯定和支持，并不希望自己总是被拿来跟别人比较。

尤其是那些能力不如别人又敏感的孩子，在被比较的过程中，他们的自尊心会受到一次次伤害。久而久之，孩子就会形成这样的心理：他就是不如别人，所以父母才会对他如此不满意；父母根本不喜欢他，只喜欢那些比他优秀的孩子……

父母的那些"比较"就像魔咒一样，会让孩子变得越来越不自信，越来越自卑，甚至厌恶自己。

即便是优秀的孩子，也不喜欢父母拿自己跟别人做比较。因为相对父母来说，他们往往更了解自己和周围熟悉的同伴，这种比较会让他们感到厌烦。长此以往，孩子的逆反心理也就产生了。

一家教育机构曾做过一次相关调查，让我们来听听孩子们是怎么说的吧！

孩子甲："我妈妈从来不考虑我的感受，总是拿我跟她的同事、同学家的孩子比。有一次，妈妈同事家的孩子在一家著名的儿童刊物上发表了一篇文章，她回家就冲我嚷嚷：'你不是也爱写作文吗？你怎么没像人家一样发表一篇让我看看？'有一次，她同学的孩子在奥数比赛中得了第二名，她回家后便说：'人家奥数能得第二名，将来选择中学都容易很多，这是资本呀！可你呢？学什么都不像什么，真是愁人！'这样的情况多次发生后，我终于抑制不住了，冲妈妈吼道：'妈妈，你也在政府部门工作，怎么就没能当个市长、书记呢？'"

孩子乙："我妈妈从小学习成绩就好，但因为高考失利而错失了好大学。没想到，她没能实现的愿望居然成了我的包袱。她一心想让我考清华大学或者北京大学。我虽然成绩不错，但整天被妈妈这样逼迫着，也真是够累的。为了所谓的鞭策，妈妈总是拿那些成绩好的孩子跟我比，即使我考了全班第一，她也会说，你知道全校第一是多少分吗？你知道全区第一吗？你知道全市第一吗？天哪，每当听到妈妈连珠炮般的比较，我的头都大了。"

孩子丙："妈妈每次都只会拿我跟别人比，而不是想办法教导我怎么做。比如，她看到朋友的女儿自己叠衣服、整理书包、玩具等，她就数落我：'你看看人家多勤快，自己就能把这些事做好，可你总是依赖妈妈，什么时候才能长大呀！'一开始，我对妈妈的话还有些在意，也会尽量改正和完善自己。但当她这样三番五次地说，我的耳朵都起茧了，对她的话，我也渐渐不在意了。"

从孩子的这些"内心独白"中，我们可以看到，父母的比较给他们的内心造成了很大的伤害。

有句民间俗谚："一畦萝卜一畦菜，自己的孩子自己爱。黄鼠狼养的孩子是香的，刺猬养的孩子是光的。"排除溺爱和偏爱，通过这句话，父母应该明白一个道理，那就是不要只看着别人的孩子好，也不应该跟其他孩子进行不对等或者刺激性的比较，而应该发现自己孩子的优点。

事实上，孩子各不相同，家庭环境也不同，家长对孩子教育的方式和理念也不尽相同，所以每个孩子都是与众不同的。我们没必要羡慕别人家孩子的优秀，抱怨自己的孩子愚笨，更没必要拿自己的孩子跟别人家的孩子作比较。如果父母不改变自己的教育观念，找到激励孩子进步的正确方式，自己的孩子就永远无法赶上别人。

每个孩子都会有自己的潜力和特质，随着他们一天天地成长，这些潜力和特质就会更多地体现出来。父母需要做的，不是去跟别的孩子做横向比较，而是要让孩子跟他自己进行纵向比较。看看他是否比之前进步了，比之前是否更努力了——只要进步和努力了，父母就应该给予表扬和肯定。这样一来，孩子的成绩不仅会越来越好，还会感受到父母的爱和支持。

别让"比较"扎伤孩子的心，盲目的攀比只会抹杀孩子的个性，打击孩子的自信，对孩子的成长绝无好处。

■ 允许孩子有不足

作为父母，我们大多有过这样的经历：在教育孩子的时候，往往不会得到他们的理解，有的还会产生逆反心理，甚至当面顶撞，这是什么原因造成的？其实，家庭教育观念至关重要。

家长都希望自己的孩子优秀，但孩子身上总是有些缺点和不足，父母又急于求成，想要改善孩子的缺点和不足，让他变得越来越优秀。所以，在这种急于求成的思想下，父母会采用一些强硬手段，如打骂、强迫、发怒等。这样一来，孩子怎能不产生逆反心理呢？

殷晓艳是一个10岁男孩的妈妈，可她并不像很多父母那样谈论起孩子就觉得兴奋和幸福，每当说起孩子的时候，她几乎失声哭泣。

这是为什么呢？原来，她的儿子郭斌是班里有名的捣蛋鬼，不是上课讲话被老师罚站，就是作业做不好挨老师批评，或者是跟同学打架。更让殷晓艳担忧的是，儿子居然有几次偷偷拿了同学的东西。

在殷晓艳看来，儿子的行为就是偷窃。她无论如何也想不出自己竟然有这样一个"道德败坏"的孩子。一时间，殷晓艳感觉天都要塌下来了。

现在，他们母子之间经常出现这样的对话："今天，老师说你又犯错误了，你是不是……"

"我没有！"郭斌总是本能地否认。

然后，母子两个都没了好心情。

每当接到老师的告状，殷晓艳就气急败坏地回家教训儿子，越说越来气，想到骂了那么多次也不见效，有时候急起来还会打他，打完了又觉得自己很失败，恨儿子不争气，就和儿子一起哭。

殷晓艳苦恼地说："为了让儿子不像现在这样，我什么办法都试过了，可都没有效果。本来我对孩子期望很高，可现在……我都快要绝望了。"

殷晓艳是一位行政干部，管理着单位里大大小小十几号人，还要三天两头地协调、处理员工之间的大小纠纷。一直以来，她都很注重自己的形象，在单位里对自己要求很高，做工作总是力求尽善尽美，对待别人热情周到，有烦恼和委屈尽量不表露在脸上。

因此，她时常觉得工作累、压力大，有时候会把工作中的烦恼情绪带回家。回家后，看见儿子写字潦草，或在学校又犯了错误，她就更烦躁了，忍不住就冲儿子发火。而且，她承认，自己几乎没有肯定过儿子。

每个人都有优点，也有缺点，孩子也是如此。父母过分关注孩子的缺点和不足，不允许孩子犯错，就会陷入一个误区：越是关注就越无法容忍，越是无法容忍就越采取强硬手段；你的教育方式越强硬，孩子的自信心就越会减弱，逆反心理就越强烈。

每个孩子或多或少地存在着缺点和不足，为此家长要正确对待孩子身上存在的缺点，循序渐进。家长应该有一颗宽容之心，善待孩子的不足，想方设法地帮助他们改正。不要总是揪住他的缺点不放，孩子都是有逆反心理的——这会导致他们的弱点被逐渐强化，从而对家长的教育产生逆反心理。家长放大孩子的优点，以赞扬的方式帮助孩子改正缺点，可以逐渐端正孩子的人生态度。

家长最欣慰的是看到孩子表现优良，最痛心的莫过于看到孩子做错事。

面对孩子的缺点和错误，不少家长会严厉批评和指责孩子。可他们不知道，孩子是充满稚气、心智不成熟的，此时不仅需要父母恰如其分地批评，更需要他们用亲切的语气、慈爱的态度、中肯的话语来善待他们。只有这样，他们才有勇气直面错误，并想办法改正错误。

一位哲人说过："天空收容每一片云彩，不论其美丑，故天空广阔无比；高山收容每一块岩石，不论其大小，故高山雄伟壮观；大海收容每一朵浪花，不论其清浊，故大海浩瀚无比。"孩子犯了错，有了不足，家长的心胸要像天空和大海一样善待他们的不足，过于严厉会对孩子造成永久的心灵创伤。

我们要理性地看待孩子的不足，当他们犯了错，不应过分地去批评、指责，而应该用友善的态度来对待，使他们改正不足。

家长要在批评孩子的同时，先表扬孩子的优点，再指出孩子的不足，最后提出要求，鼓励其改正错误和向自己的要求努力。这样，孩子们就会比较容易接受。

当孩子有了缺点，我们应该及时用疏导的方法教育、引导，逐渐使他们摒弃。在公众场合，家长应该用手势或眼神来提醒孩子，而不要当众批评，不要给孩子留下心理阴影或是伤害孩子的自尊，使教育效果适得其反。

同时，我们也不能因为孩子的不足和缺陷而全盘否定他，甚至因为孩子犯错而拒绝表扬他的进步和成绩。如此一来，孩子努力的动力就会越来越小，进步的空间也会越来越小。更为重要的是，这会让孩子产生一种破罐子破摔的心理：既然不管我怎么努力，你都只看到我的缺点和错误，那我还努力做什么？

相信，所有家长都不愿意看到这样的局面。更何况孩子正处于生长发育阶段，很多东西还没有成型，可塑性非常强，只要我们好好地引导，这些不足和缺陷是很容易被改正过来的。我们为何要操之过急呢？

因此，家长不要太过于在乎孩子的不足和错误，也不要对孩子有过高的要求，而要允许他们犯错，然后鼓励他们不断提高自己，增强优势，弥补不足，如此才能越来越优秀、越来越成功。

Chapter 10

幸福，触手可及

——何必每日祈祷幸福，我们可以创造幸福

■ 没有行动，幸福不为所动

弱者一生都在等待，等待所谓的机会，等待幸福的机会。

但机会是什么？不是你守株待兔地等待就能等来的，它要靠自己去争取、去发现、去挖掘。俗语说，"美辰良机等不来，艰苦奋斗人胜天"，幸福是需要争取和追求的，等待的结果只能是让幸福从你身边溜走。

有个落魄的人，隔三岔五地就去寺庙祈祷，而他的祷告词基本上没有变过，总是那么一句："佛祖，请看在我多年来虔诚的份儿上，让我中一次彩票吧！佛祖啊！为什么不让我中彩票呢？我会更加谦卑地服侍您！"

就这样，这个人周而复始、不间断地乞求着佛祖让他中彩票。

有一天，这个人依然跪在地上哭着祈祷："亲爱的佛祖，为什么不可怜可怜我，答应我的祈求呢？求求您让我中一次彩票吧！只要一次，让我解决眼前的困难，我愿意为您奉献终生……"

这时候，佛祖终于发话了："我一直都在垂听你的祷告，可你总该买一张彩票，这样我才能让你如愿啊！"

现实生活中，很多人想幸福，但只是让自己停留在想的阶段，从不主动采取行动，结果一事无成。就像故事中的这个人一样，他总是想着要中奖，即使佛祖有心帮他，可他连彩票都不买，那愿望又怎能实现呢？

如果你天真地相信幸福的机会在别的地方等着自己，或者幸福会从天而降自动找上门来，那么，你就是世界上最傻、最笨的人，永远只能在守株待兔般的等待中虚度一生，甚至幸福会离你越来越远。

由此可见，想要完成一件事，光有想法和计划是不够的，必须还要配合实际的行动，坚持到底。想要幸福就必须马上付出行动，因为没有行动，幸福永远都不会为你所动。

要知道，幸福的生活不是等来的，而是通过努力的拼搏争取来的。行动了，我们不一定能获得幸福，而不行动，幸福就一定不会光临。行动有行动的结果，不行动也是一种行动，每个人的人生是幸福还是不幸，不在于别人，而在于自己的决定。

著名剧作家萧伯纳曾说过一句非常富有哲理的话："人们总是把自己的现状归咎于运气，而我不相信运气。我认为，凡出人头地的人，都是自己主动去寻找自己所追求目标的运气；如果找不到，他们就去创造运气。"

我们知道，犹太人无论做什么事情都非常容易取得成功，堪称是成功场中的佼佼者，这正是因为他们相信这样的原则："凡是自己所能做的事情，都要主动动手去做，绝不可以求神帮忙。"

一个英国人和一个犹太人同时进入一家合资公司做销售工作，两人都觉得自己满腔抱负没有得到上级的赏识，经常想：如果有一天能与老总近距离接触，有机会展示一下自己的才干就好了。

很快，犹太人如愿以偿地争取到了更好的职位，而英国人却始终没有展示自己的机会，依然在公司默默无闻。为什么会这样呢？原来，犹太人主动创造了与老总近距离接触的机会，进而得到上级的赏识。

每次老总走进办公室时，英国人总会急切地盼望着老总的脚步能够慢一点，走到自己身边时停留下来。但老总每天都事务缠身，他只是轻轻地冲所有的员工微笑着点点头，然后就回到自己的办公室。

一次次的失望，让英国人感到万分沮丧。

那么，犹太人是如何做的呢？他每天看着老总上下班的时间，在算好的时间里去乘坐电梯"偶遇"老总。打过几次招呼后，老总对他有了印象。接着，他更进一步地详细了解了老总的奋斗历程，弄清了老总关心的问题。

老总与他长谈了一次，不久就提拔了他。

这个故事很好地说明了一个道理：机会不是被动而来的，它需要积极准备，需要主动出击。同样，幸福的获得也是如此。你不行动，不会有好心人给你送来幸福，它也不会从天上突然降下来。

积极的行动是一切幸福和成功的根源，只要你的方向是对的，努力地争取，热情地追求，那么幸福就一定会来到你身边。在这个世界上，那些获得幸福的人，从来都不会坐在屋子里空想，而是会积极地投入行动，为了幸福而创造机会，为了幸福而拼搏。尽管过程中会经历风雨，可苦尽甘来，他们等到了幸福的时刻。可以说，是行动成就了他们幸福的今天。

要知道，只有行动才是获得机会、成功和幸福的唯一途径。因此，当你迟迟得不到幸福生活的时候，千万不可一味地埋怨自己运气不好，责备别人没有给自己好机会，而应该多问问自己："我主动寻找机会了吗？""我主动创造机会了吗？"没有行动，幸福怎么可能为你所动呢？怎么可能无缘无故地来到你身边呢？

■ 好运，总在一施一舍之间

所有的人都期盼好运，期盼自己的人生能够一帆风顺，但人生在世，不可能每个人的人生道路都是一帆风顺的。但是，好运却是可以获得的，所谓"善有善报、恶有恶报""种善因，得善果"。当你心怀善念帮助别人的时候，或许在自己需要帮助的时候就能得到别人的帮助，从而获得人生的好运；当你向别人伸出援手的时候，或许就因赢得了一个朋友而获得了一份支持。所以说，当你善待别人的时候，别人同样也会善待你。

人们常说，善良的人运气永远都不会太差，因为好运总是在一施一舍之间，帮助别人就等于帮助自己。可是，如果你不懂得善待别人，不愿意伸手帮别人，那么，自己永远都将得不到好运和幸福的眷顾。

很久以前，有一个大富翁名叫伊利沙，他是一个贪得无厌、非常吝啬的人，有什么好东西都想自己独自享用，从来舍不得分享给别人一点。

有一天，伊利沙躲在一个荒无人烟的地方吃烤肉，天神看见了就想试试他是否善良，遂变成一只狗，对他摇头摆尾，祈求他能够施舍一点东西。伊利沙非常反感，说："你若四脚朝天，腾空且停留在半空中，我就给你吃一点。"刚说完，那只狗奇迹般地按照他的说法照做了。

伊利沙看到后，大吃一惊，但仍然舍不得与狗分食。

于是眉头一皱，他想到一条更损的计策，对小狗说："若你的两个眼珠掉到地上，我就给你一点吃的。"刚说完，那只狗的眼珠就掉到地上了。伊利沙看到后非常高兴，心想：这只狗的眼睛已经瞎了，它什么也看不见，于是换了个地方，继续吃了起来。

天神看到这一情景非常愤怒，决定给他一点教训。天神变成伊利沙的模样，来到他家，吩咐门口的守卫说："如果有人胆敢冒充我，那就一顿棒子把他赶出去。"说完后，他下令把伊利沙所有的财产都布施给了穷人。

伊利沙吃饱喝足，高兴地往家里赶。谁知，刚到家门口，他就被守门的人给拦住了。他大喝道："浑蛋！睁开你的眼睛看清楚，我是你的老爷。"守门人恶狠狠地说："老爷真是有先见之明，说有人会冒充他，果然就来了一个浑蛋。"说完，一顿棍棒把伊利沙赶走了。

伊利沙眼睁睁地看着自己全部的财产化为乌有，急火攻心地疯掉了。从此以后，他的幸福日子便结束了，取而代之的是沿街乞讨，聊度余生。

伊利沙不但不肯施舍别人，还对别人百般刁难，他有那样的结果，纯属咎由自取。

真正有涵养的人，绝不会吝啬地对待别人，在别人遇到不幸和痛苦的时候，也绝不冷眼旁观，而是尽自己的力量和可能给予同情和帮助。因为他们知道，爱是世界上最伟大的力量、最宝贵的品质。他们在善待和帮助别人的时候，虽然没有奢望回报，但这样的人总是能够得到福报和好运。上天不会薄待任何一个善良的人，也不会将幸运送给任何一个不懂得爱和同情的人。

德国人Felix的女儿患上了一种十分罕见的疾病，看遍了全国所有的名医，都没有效果。有一天，Felix得知一位美国名医要来德国考察的消息，于是心中重又燃起希望，通过各种关系联系这位名医，可是徒劳无功。

一天下午，外面正下着大雨，突然有人敲门。Felix非常不情愿地把门打开，站在门口的是一个又矮又胖、衣服湿透、样子狼狈的人。这人说："对不起！我迷路了，我能借用一下您的电话吗？"

Felix不悦地说："对不起！我女儿正在休息，我不希望有人打扰她。"说完后，就关上了门。

第二天早晨，Felix在读报纸的时候，看到一则关于美国名医的报道，上面附着名医的照片。天哪！Felix惊呆了！原来那位名医就是昨天敲门借用电话的那位矮胖男人，Felix后悔莫及。

事例中的Felix，是一个不懂得对别人付出的人。正是由于他舍不得借用电话给一个陌生人，把本能救助自己女儿的医生拒之在门外。而这个医生就是他千方百计想联系却一直联系不上的人，Felix后悔的程度可想而知。

当你不愿意帮助别人的时候，可曾想过自己也有需要人帮助的时候；当别人需要帮助的时候，我们可曾伸出援手，援助过别人，施舍过别人？如果你想明白了，就会做出正确的选择。

培根说："缺乏真正的朋友，仍是最纯粹、最可怜的孤独。"的确，没有友谊，没有关心，没有爱的人生是不幸的。在这个人际关系越来越建立在利益的社会上，博爱、同情心好像越来越廉价，愿意帮助别人、善待别人的人也越来越少。正是因为如此，我们才应该宣传爱和包容，提倡善行善念——这不仅仅是为了自己获得回报和好运，更是为了让我们的世界变得越来越美好。

■ 爱情，需要你主动一点点

张爱玲说："爱情是等来的，不是找来的，只要你愿意等，总会有一个人在对的时间、对的地点，走进你的心里。"这句话虽然很有道理，但如果你遇到了一个喜欢的人而不懂得主动出击的话，一定会给自己留下遗憾。

然而，很多人从情窦初开时，就不由自主地相信爱情会在某一天主动地降临在自己身上。殊不知，爱情需要你主动一点，否则就会因为被动、消极而与它擦身而过——在漫长的人生中，即使遇到了那个心动的人，也会努力地在他面前保持矜持，只会把满腹心事向日记本和好友倾诉，而被暗恋者也许永远都不知道这番心意。

有时候，因为害怕被拒绝，我们把自己的情感隐藏在内心，于是爱情就这样从身边溜走了。

其实，爱情往往需要你主动一点，再靠近一点，这样你的爱情才能开花结果。

乐乐是个乖乖女，从小到大从来没有违背过妈妈的话。到了恋爱的年纪，妈妈对她说，女孩子一定要保持矜持，不要主动约男孩子，也不要轻易到男孩子住的地方去。这样男孩子会觉得爱情来之不易，才会更加珍惜你。

乐乐把妈妈的话牢记于心。在一次聚会上，她认识了一个男孩子，两人聊得很开心，并互相表示了对对方的爱慕。

接下来的几天，每当男孩子约乐乐见面，乐乐都拒绝了。她觉得只要自己不主动，男孩子就会一直坚持下去，那样才是真正的爱情。因为两人分隔很远，男孩子下班后赶到乐乐那儿大概需要两个小时，返回家后都要到凌晨了。

第五天是周末，男孩子打电话对乐乐说："明天你能过来吗？"乐乐想起妈妈的话，又一次拒绝了他。

男孩子还是自己过来了，他们来到一个美丽的小湖边。乐乐以为这就是她需要的爱情时，男孩子却告诉她："我觉得我们不太合适。"说完，他就走了。

故事中的乐乐不愿意主动出击，不愿意主动付出，以为只要等，对方就会一直为自己付出而错过了一段美好的爱情。明明是两情相悦的两个人，却因为自己的不主动，消极地等待导致了彼此的错过。真的是太可惜了！

为什么自己就不能主动地寻找属于自己的幸福呢？用心去等是值得提倡的，但很多时候爱情并不是靠等待就能获得的。我们不主动一点点，就会和幸福擦肩而过。所以，不要像故事中的乐乐一样，只知道被动地接受，而应该变得主动一些。

有时候，对方需要你的主动回应。

上大学的时候，何为一直喜欢班里的一个活泼可爱的女孩子，但他害怕遭到拒绝，所以一直没有表白。后来，那个女孩子被别的男生追到手了。

在多年后的聚会上，何为对那个女孩子说："知道吗？我曾经暗恋过你。"

那个女孩子愣住了，半晌才回答道："我也是。"

可惜，为时已晚。

如果没有这一场对话，何为对这场暗恋一定不会有多少遗憾，但现在他一定会后悔一辈子。其实，爱情本来是触手可及的，关键在于你敢不敢主动争取，愿意不愿意主动追求。

爱情也是很简单的。你喜欢上了谁，就得大胆地去表白，即便被拒绝了也没什么，总比因为胆怯而错过好得多。爱情需要你主动付出，积极付出你的真心，让对方明白你的爱意，这样才有机会收获爱情。

茫茫人海，能与属于自己的那个男孩或女孩相遇、相知、相爱，是每一个人的梦想，但这种梦想往往不是随意就可以实现的，也不是靠消极等待而能获得的。如果双方都不主动，都等待着对方先行动，那么，两人又怎么能收获美好的爱情呢？

想要获得幸福，主动出击一定比等待要好得多、来得快。所以，面对爱情，不要害羞、胆怯，也不要想着坐享其成，大胆地追求属于自己的爱情，主动地争取自己的爱情。相信，你一定能收获美好的爱情。

■ 得到爱的前提，是付出爱

人们都说："被爱是一种幸福，因为它证明了自己在别人心里的地位。"事实上，爱是付出，不是索取，得到爱的前提，是真心真意地付出自己的爱。

人生中最幸福的事不是被多少人爱过，而是我们有多爱别人，因为爱是一种能力，也是一种幸福。

如果我们想要获得真爱，拥有美好的爱情，首先就应该学会如何爱别人，付出自己的爱和真心。相反，如果我们不懂得爱别人，那么即使我们从别人身上得到再多的爱，也不会幸福，因为幸福是用真爱换回来的，没有真爱怎能奢望换得真爱？没有真爱，内心只会变得无比荒芜。

有一位女孩子跪在花园里非常虔诚地向佛祖祷告，希望能够得到佛祖的垂怜，恳求佛祖能够帮她一把。佛祖被她的虔诚感动，出现在她的面前，问道："你有什么心愿有求于我？"

女孩子对佛祖说："仁慈的佛祖，求你帮帮我吧。"

佛祖说："孩子，你不要着急，慢慢说，你遇到什么麻烦的事情了？"

女孩回答："有一个男孩子在追求我，他很爱我，而且非常细心。每天早晨，他都会把一束玫瑰花放在我的门口；到了晚上，他也会来到我的窗前，为我唱歌。可不知道为什么，最近一个多月，他都没有为我送过花，也没有为我唱过歌。"

佛祖问她："那你对他付出过什么吗？有表白过你的真心吗？有爱他吗？"

女孩子摇摇头，说："他那么爱我，根本就不需要我去爱，我为什么还要多此一举呢？。"

佛祖说："那你觉得他之前每天都送给你鲜花，每天都为你唱歌，你觉得幸福吗？"

女孩子说："我不知道。只不过他现在不来了，总是觉得心里缺少点什么，总是认为他每天都应该来，因为我已经习惯了。"

佛祖摇了摇头，对女孩子说："这就是你不幸福的原因。你只知道从别人的身上得到爱，却不曾付出过爱。要知道，只有付出之后得到爱才是幸福的。当你想得到别人的爱的时候，就必须要先去爱别人，这样你的生活才是幸福的。而像你这样，即使得到了男孩子的爱，你会幸福吗？"

是的，就像佛祖说的那样，要想得到爱，首先得学会爱别人，这样我们才会幸福。爱是相互的，你爱别人，别人才会爱你；你为别人付出真心，别人才会真心真意地对待你。我们只有真心地付出自己的爱，才能让我们的内心充满幸福的滋味，体会到相爱的甜蜜味道。

每个人都是渴望爱的。在现实生活中，很多人总是希望自己能够被别人宠爱，被心爱的人捧在手心里。但是，如果我们只知道索取而不懂得付出，那么对方有再浓烈的爱，也有被索取完的时候，对方再爱你也有厌倦的时候。我们需要付出自己的爱，更需要珍惜别人的爱，这样才能获得真正的爱情和幸福。

爱是一粒粒幸福的种子，只有舍得付出，才会开花，在芬芳众人的同时，最幸福、最陶醉的还是我们自己。这就是爱情的真谛。如同爱因斯坦说的："请学会通过使别人幸福快乐，来获取自己的幸福。"其实，我们每个人都是被折断翅膀的天使，只有通过爱别人，与别人互助互爱、相辅相成，才能共同飞向幸福的天堂。所以，不要吝啬付出自己的爱，不要奢望别人爱自己多一些。

在广袤的草原上，动物们歌舞升平，载歌载舞。这时候，鹿小姐正欢快地跳着舞蹈，她那婀娜的身姿，美丽的脸庞，博取了众人的眼球。

这时,一位年轻的雄鹿走了过来,非常绅士地对她说:"小姐,你真漂亮,我想如果你能参加这次动物王国的比赛,一定能获得冠军。"

那头雄鹿刚说完,鹿小姐黯然地低下了头,她说:"我连交报名费的钱都没有,又怎么可能夺冠呢?"

雄鹿说:"没关系,我帮你想办法,明天这个时候你在这里等我,我送给你报名费。"

鹿小姐听完后,非常高兴地说:"是真的吗?真是太感谢了,参加舞蹈大赛是我毕生的梦想。"

到了第二天,鹿小姐很早地就在约定的地点等着鹿先生。这时候,鹿先生从远处走了过来,将报名费递给鹿小姐。鹿小姐看着鹿先生头上裹着纱布,就问:"你怎么了,受伤了吗?"

鹿先生含含糊糊地说:"没事,昨晚由于天太黑,我不小心把鹿茸给撞断了。"

鹿小姐说:"你在骗人,昨晚的月亮那么圆,你怎么说天太黑?我之所以愿意接受你的帮助,是因为你是个诚实的人,看样子,是我看走眼了。"说着,她把钱还给了鹿先生,转身就走。

鹿先生立即拉住鹿小姐的手说:"好吧,我实话告诉你,我的鹿茸是被猎人割走的,是我主动找到猎人,把鹿茸卖给他,给你凑足舞会的报名费。我真心实意地想要帮你达成愿望,因为我爱你。"

鹿小姐被鹿先生的真心感动了，紧紧地抱住鹿先生。之后，鹿小姐在舞蹈大赛中一路过关斩将，赢得了冠军。后来，鹿小姐以身相许，和鹿先生过上了幸福的生活。

为了帮鹿小姐达成心愿，鹿先生不惜找猎人割掉自己身上最值钱的鹿茸，以换取舞蹈大赛的报名费。鹿先生的爱是伟大的，是无私的，不求回报，只求鹿小姐能够获得真正的幸福。正是因为他愿意付出自己的爱，才让鹿小姐感动不已，以身相许。

我们要记住这句话：爱是付出，不是索取；得到爱的前提，是付出爱。因此，与其沉浸在被爱的幻想里，不如清醒一下，行动起来去爱别人。在付出爱的过程中，我们的内心便会因爱变得不再荒芜，从而为自己赢得一片幸福的天地。

■ 如果你不愿付出，爱情死有余辜

在爱情里有这样一些人，他们只想得到爱情的滋润，而不想为爱情付出；只想从别人那里索取，而不想给别人多一点。或许这些人会以为自己获得了幸福，但却不知道早已掉入索取的深渊，最终很难获得爱情和幸福。

爱情不是买卖，不是谁付出得少谁就赚了，谁付出得多谁就亏了。爱情是公平的，它就像一把天平，付出多少相应地就能得到多少，付出得越多，得到的幸福和快乐也就越多。而你如果只知道索取，却不愿意付出，最后只能落得一场空。

从前，有一个书生即将进京赶考，他和未婚妻约定，参加科举考试回来之后二人就择日成婚。几个月后，当书生参加考试回来，满心欢喜地去找他的未婚妻商量结婚的日子，谁知未婚妻却嫁给了别人。

书生非常伤心，心灵受到了严重的创伤，终日沉浸在痛苦之中不能自拔。时间一长，他的身体吃不消了，一病不起，家人请遍了当地的名医，可书生的病情却一点也没有好转。

正在这时，一名僧人路过书生家门口，称专治一切疑难杂症，于是书生的家人就把僧人请到家里，请他为书生看病。僧人看了看书生，既不给他诊脉，也不下药，只是从怀中拿出一面镜子让他看。

镜子显示，在一片茫茫的大海边，有一具一丝不挂的女尸躺在沙滩上，路过的很多人只是看一眼，然后就惋惜地就走开了。这时走过来一个人，他不忍心让那具女尸在太阳底下赤身裸体地暴晒，于是脱下自己的衣服给女尸盖上，然后也走开了；一会儿，又来一个人，他挖了个坑，把那具女尸给掩埋了。

这时候，僧人解释道："那具女尸，就是你未婚妻的前世，你是那个将自己衣服给她盖上的人，所以，她今生与你相恋，还你这个人情。而她要报答一生一世的人，就是那个前世掩埋她的人，这个人就是她现在的丈夫。"

书生听完恍然大悟，慢慢地，他的精神好了，身体也随之不药而愈。

我们种下多少善因，相应地就会得到多少善果。在爱情的道路上也是一样，我们付出了多少，相应地就会收获多少。如果我们不愿意付出，不愿意用心呵护自己的爱情，那么又怎么能收获爱情的果实？

虽说爱情的深浅并不是以彼此付出的多少来衡量，但如果你不愿意为自己的爱情付出更多，只是一味地想要向对方索取更多，那么，可以说你的爱情肯定是浅薄的。爱情需要付出，只要你愿意付出，就肯定会有收获的那一天；如果你不愿意付出，那么爱情就必定会走向末路。

让我们再来看一个寓言故事：

从前，有一个女人非常深爱自己的丈夫，可她的丈夫已经不爱她了，为此她很苦恼，于是就祈求佛祖的帮助，希望佛祖能教给她一些能够让她丈夫回心转意的方法。

佛祖听女人说完之后，想了想说："我可以帮助你，但我有一个条件，在我教你方法之前，你必须从活着的狮子身上拔下三根毛给我。"

这个女人心想：最近虽然时常有狮子在村子附近出没，可它非常凶猛，连男人都被吓破了胆，更何况我这样一介女流呢？不过，为了能够挽回丈夫的心，她还是决定试一试，于是冥思苦想，终于想出了一个办法。

第二天，她牵了一只小羊去狮子经常出没的地方，放下之后立即就走，以后每天早晨她都牵一只小羊在同一时间放到同一地点。久而久之，这头狮子便开始信任她，主动冲她摇尾巴，亲近她，甚至还让她摸自己的背。女人知道狮子已经完全信任她，已经对她没有任何敌意了。在之后的一天，女人小心翼翼地从狮子身上拔下三根鬃毛，拿给佛祖去看。

佛祖很奇怪地问这个女人："你是怎么做到的？"

女人把经过讲了一遍，佛祖笑了起来，说："你就用对付狮子的办法对待你丈夫，我想他肯定能够回心转意。"

那个女人为了挽回丈夫的心，连狮子都能驯服，都能从狮子身上拔下三根毛，那么，世界上还有什么事情是她不能做到呢？她根本不必忧愁丈夫离开自己，因为她一定可以拯救自己的爱情！

其实，爱情和驯狮子是一样的，要想从对方身上得到爱，要想得到自己想要的东西，就必须要先学会付出。爱需要付出，这份付出不仅仅包括物质、时间、精力，更包括了真心。爱情是无私的、伟大的，但它和世界上所有的事情一样，不付出就永远也无法获得回报。不付出，爱情必定死亡。

■ 让你们的爱情时刻都很新鲜

鲜花，经过一段时间后会慢慢地枯萎。爱情也是如此，经过了一段时间之后也会慢慢地变淡、消失。

生活中，有很多这样的例子，相爱多年的恋人，彼此越来越了解对方，行动越来越有默契，可就是缺少了当初的新鲜感和浪漫。于是，爱情就这样慢慢地枯萎，变成了"食之无味、弃之可惜"的鸡肋。

爱情需要经营，也需要保持新鲜度，如此来，我们才不会在平淡的生活中慢慢地遗忘当初的美好。其实，让我们的爱情保持新鲜的方法很简单，就是给对方创造一些惊喜，给我们的生活增添一些调料。

一包方便面，如果不加调料，你是否觉得很难下咽？其实，我们的爱情就像方便面，而调料就是生活中各种各样的惊喜。当我们学会主动给爱情创造一些意外的惊喜时，你就会发现爱情变得更加有味了！

有这样一个故事：

两个人恋爱已经好几年了，女人不顾家人反对，执意要嫁给贫穷的他。他们举行了一场简朴的婚礼，婚礼上没有浪漫的婚纱照，没有花车，更没有高朋满座。从此以后，她跟他过着简朴的生活。

第二年，女人有了身孕，可男人却失业了。面临着经济危机，男人开始到处打工，而女人每天在家门口耐心地等待着老公回来。她没有感到寂寞，因为男人每次回来都会给她带一些东西，有时路边采的一朵野花也让她开心很久。

不幸的是，女人在分娩的过程中难产，虽然母子平安，却让他们背上了一笔不小的债务。由于男人要照顾女人，就只能暂时放弃工作。两个月后，家里没有任何可以支配的钱，还有两万多元的外债要还，女人哭了。

后来，男人在一位朋友的介绍下，去了一家公司上班。不久，公司派他去上海出差。他想起妻子已经好久没有添置衣服了，但不知道尺码，于是打电话过去问女人，女人坚决不同意，因为她不想乱花钱。但最后，男人还是依照自己的想象给女人买了几套新衣服。

回家后，买的衣服并不合适，她哭了，接着又笑了，她抱住了男人。以后，女人一直穿着男人买回来的衣服，她并没有感到衣服没什么不适合的。

后来，他们的生活好起来了，男人不再采路边的野花给女人，取而代之的送鲜艳的玫瑰，在特别的日子里，女人总是能收到礼物。而女人每次在男人回来后，都会给男人一个深情地拥抱，给男人一个亲吻。两个人总是如胶似漆、卿卿我我。

十几年后，男人有了自己的事业，并且如日中天。事业的繁忙，让他开始顾不上自己的妻子。在他的眼里，家里是富有的，妻子好像什么都不缺。可就在他40岁那年，妻子却突然提出了离婚。

男人无法理解妻子，问妻子要干什么，妻子说，自己要回家照顾年迈的父母，在这个家里，她没有什么可以要的，唯一要带走的就是堆放在阁楼上那几箱子装着的东西，里面是许多年前男人送给她的礼物。

尽管早期经济状况十分糟糕，但只要男人能经常给女人带来一些惊喜，女人依然觉得自己是幸福的。后来，男人为了自己的事业，而忘记给家庭制造一些惊喜时，女人觉得男人忽视了自己，于是婚姻出现了危机。

不管是多么浓烈的爱情都有变淡的一天，不管是多么轰轰烈烈的爱情都有趋于平淡的时候，我们应该想办法给自己的爱情增添一些活力和激情，而延长我们爱情保质期的关键，就是让我们的爱情时刻保持新鲜的秘诀。

法国思想家伏尔泰说："能够给自己平淡的生活制造惊喜的人，才能真正领悟人生的真谛。"是的，平淡的生活过得久了，往往就会失去乐趣，令人感到麻木而沉闷。

爱情也是如此。要想让我们的爱情能够长久，就应该增加它的新鲜度，主动给自己的爱人制造一些惊喜。

有个男人，有一次要去一个很远的地方出差。在火车上，正当他感到无聊之极时，他想起了妻子在他出门时的嘱咐，妻子说："饿了，包里有吃的"。他打开包时，发现包里不但有苹果，而且还有 iPad。

他心里很高兴，因为经常出差，他早就想买一个 iPad 解闷，没想到妻子为他提前准备了。他还惊喜地发现，里面全是他喜欢看的剧,甚至还有几部他喜欢看的电子书。他想起妻子曾说过,他眼睛不好,又喜欢看书,可以找能"听"的书,这样就可以彻底解放眼睛了。

这一切,妻子都给他办到了,他心中不由得一阵感动。那次旅途,有妻子给的惊喜,所以不再单调,不再沉闷和无聊。

还有一次,他在吃晚饭时抱怨生活没意思。抱怨每天准时起床,定时赶车,定时打卡,总是做着几乎差不多的事。到了下班时间,坐同样的车回家,吃同样的饭,日子每天都是差不多的。

第二天下班回家,却看到妻子为他准备了一桌丰盛的大餐。饭毕,妻子说:"亲爱的,我要给你一样好东西。"

妻子把他带到卧室里。他看到床上放着一把精美的小提琴,顿时热泪盈眶。在大学时代,他就极度热爱小提琴,甚至想成为一名小提琴家。可是,为了生活,他不得不放弃自己的理想。没想到,自己的抱怨让妻子想到他大学时代的理想,还专门给他买了一把琴。

他吻了妻子,然后小心翼翼地拿起小提琴,开始拉了起来。虽然拉得有些生涩,但琴声依然悠扬,回荡在家里,他们一起陶醉了很久。

有很多人认为永远保持爱情的新鲜很难,其实并非如此,只要对你身边的人多了解一点,多关心一些,时常制造一些惊喜,那么爱情就是能时刻都很新鲜。

当然，这惊喜不一定很大，也不一定轰轰烈烈，一些花心思的小惊喜就可以让爱人满足。比如，一朵鲜花、一件想了很久的衣服、一顿浪漫的晚餐，或是一次说走就走的旅行……

很多人认为，只有最初的爱情才是美好的、浪漫的。爱情，经过了时间的考验之后，就会慢慢地失去了新鲜和浪漫。这种想法是错误的。

只要细心一些，就不难发现你身边的人的内心深处的向往。只要你用心一些，就不难让平淡的生活变得有趣起来，让趋于枯萎的爱情重新绽放光彩，像初恋一般美好、浪漫。